宜昌市中心城区环境控制性详细规划（2018—2030年）

宜昌市生态环境局　编著

中国环境出版集团·北京

图书在版编目（CIP）数据

宜昌市中心城区环境控制性详细规划：2018-2030 年 / 宜昌市生态环境局编. —北京：中国环境出版集团，2019.11

ISBN 978-7-5111-4171-2

Ⅰ.①宜… Ⅱ.①宜… Ⅲ.①城市环境—环境控制—城市规划—宜昌—2018-2030 Ⅳ.①X321.263.3

中国版本图书馆 CIP 数据核字（2019）第 253497 号

出 版 人　武德凯
责任编辑　易　萌
责任校对　任　丽
封面设计　岳　帅

出版发行　中国环境出版集团
（100062　北京市东城区广渠门内大街 16 号）
网　　址：http：//www.cesp.com.cn
电子邮箱：bjgl@cesp.com.cn
联系电话：010-67112765（编辑管理部）
010-67112739（第三分社）
发行热线：010-67125803，010-67113405（传真）

印　　刷　北京建宏印刷有限公司
经　　销　各地新华书店
版　　次　2019 年 12 月第 1 版
印　　次　2019 年 12 月第 1 次印刷
开　　本　787×1092　1/16
印　　张　8.125
字　　数　145 千字
定　　价　68.00 元

《宜昌市中心城区环境控制性详细规划（2018—2030年）》编制机构及成员

领导小组

组　　长：吴辉庆

副 组 长：杨晓东

成　　员：杜高胜　卢彩容　方　建　洪　钧　田晓燕　徐　玲
　　　　　郑　斌　王玉凡　朱波涛　童　稚　郑雅琴　毛中林

编制技术组

组　　长：余向勇

副 组 长：陈　安

编写人员：余向勇　陈　安　周劲松　张南南　肖　旸
　　　　　熊善高　徐　峰　徐晨罡　庞婵云

审　　核：陈　安　余向勇

审　　定：万　军

协作单位

西陵区人民政府
伍家岗区人民政府
点军区人民政府
猇亭区人民政府
宜昌高新区管委会
宜昌三峡旅游新区管委会
宜昌市发展和改革委员会
宜昌市经济和信息化局
宜昌市自然资源和规划局
宜昌市林业和园林局
宜昌市水利和湖泊局
宜昌市农业农村局
宜昌市住房和城乡建设局
宜昌市文化和旅游局
宜昌市交通运输局
宜昌市应急管理局
宜昌市统计局
宜昌市环境监察支队
宜昌市环境保护监测站
宜昌市生态环境局西陵区分局
宜昌市生态环境局伍家岗区分局
宜昌市生态环境局点军区分局
宜昌市生态环境局猇亭区分局
宜昌市生态环境局高新区分局
北京博科鸿图信息技术有限公司

前　言

党的十九大把坚持人与自然和谐共生作为新时代坚持和发展中国特色社会主义基本方略的重要内容，强调要牢固树立社会主义生态文明观，推动形成人与自然和谐发展的现代化建设新格局。2018 年 4 月，习近平总书记视察湖北时指出：长江经济带的发展要确立生态优先的规矩，把修复长江生态环境摆在压倒性位置，共抓大保护，不搞大开发，倒逼产业转型升级，实现高质量发展。“构建并严守三大红线（生态功能保障基线、环境质量安全底线、自然资源利用上线），推动形成绿色发展方式和生活方式”是贯彻落实长江经济带生态优先、绿色发展、全面推进生态文明建设的重要举措，是打好长江保护修复攻坚战、全面持续改善长江流域生态环境质量、促进区域绿色发展的重要内容。

宜昌市中心城区位于宜昌市中心偏东南区域，南面、西面、北面三面环山，中部及东部为河谷平原，兼具“山、水、林、田、湖”的生态格局。长江自西北向东南穿城而过，沿线汇入下牢溪、黄柏河、桥边河、五龙河、运河、柏临河、善溪冲等多条河流。宜昌市中心城区包括西陵区、伍家岗区、点军区、猇亭区、宜昌高新区、夷陵区小溪塔街道等，是宜昌市政治、经济、文化中心，社会经济发展水平较高，城市发展呈“沿江带状多组团”的综合协同发展格局。

当前，宜昌市中心城区正处于构建长江宜昌段生态环境整体保护、综合治理、系统修复和科学试验体系的关键阶段，同时已进入全面优化调整经济结构和国土空间开发布局、实现新旧动能转换、推动高质量发展的关键期，生态环境质量总体呈改善趋势，但同时距离人民群众的期盼还有较大差距，生产空间布局不合理、资源能源消耗偏高、城市生态空间被逐步蚕食、生态系统功能退化、黑臭水体污染、机动车船污染呈加重趋势、环境空气质量改善较慢、局部区域环境风险隐患较大等突出环境问题依然存在。

为深入贯彻党中央、国务院、湖北省委省政府关于生态保护红线以及“三线一单”（生态保护红线、环境质量底线、资源利用上线、环境准入负面清单）等文件的重要精神，全面落实《宜昌市环境总体规划（2013—2030 年）》（以下简称《环境总规》），建立健全宜昌市资源环境生态红线（资源利用上线、环境质量红线、生态功能控制线的统称）制度体系，宜昌市人民政府研究决定由宜昌市环境保护委员会办公室组织编制宜昌市中心城区环境控制性详细规划。

生态环境部环境规划院、宜昌市环境保护研究所组成规划编制技术组，共同承担了《宜昌市中心城区环境控制性详细规划（2018—2030 年）》的编制任务。规划编制技术组以《环境总规》为基本依据，结合中心城区自然生态环境特征及保护要求、经济结构、生产和生活空间布局、现状环境问题以及城市绿色可持续发展要求，科学确定了中心城区环境功能定位，划定了环境战略分区，对中心城区生态环境、水环境、大气环境空间分区管控边界进行核定，细化环境承载力上线，健全生态环境空间、水及大气环境质量分区管控制度；对资源利用和环境承载力上线进行合理细化，提出能源、水资源与土地资源开发利用的控制要求；从空间上全面排查环境风险源，分类制定针对性管控对策；结合环境战略分区，对重点区域制定环境规划指引。为全面推动中心城区绿色转型和高质量发展，本规划重点从强化生态环境空间分区管控、确立资源利用上线、优化国土空间开发布局、调整经济结构和能源结构、优化区域流域产业布局、控制和化解环境风险等方面制定了相应的对策和指引方向。

在《宜昌市中心城区环境控制性详细规划（2018—2030 年）》编制过程中，宜昌市委市政府高度重视，市直相关部门、西陵区、伍家岗区、点军区、猇亭区人民政府以及宜昌高新区、宜昌三峡旅游新区管委会积极参与、紧密协作，宜昌市生态环境局认真组织协调，编印并及时修订了《宜昌市环境控制性详细规划编制技术指南》，为规划调研、资料收集、技术研究、文本及图集编制、征求意见、信息系统开发等工作的顺利开展提供了有力保障，在此一并致以诚挚的感谢！

规划编制技术组

2019 年 4 月

目　录

第一章　规划总则

一、规划目的

为全面贯彻习近平生态文明思想以及党中央、国务院、湖北省委省政府关于生态保护红线以及“三线一单”等相关精神，深入落实《宜昌市环境总体规划（2013—2030年）》，指导和推动宜昌市中心城区生态文明建设，促进城市绿色、高质量发展，特编制《宜昌市中心城区环境控制性详细规划（2018—2030年）》（以下简称《规划》）。

二、指导思想

高举习近平新时代中国特色社会主义思想伟大旗帜，全面落实党的十九大精神，以习近平生态文明思想为指导，深入贯彻“创新、协调、绿色、开放、共享”五大发展理念，按照“五位一体”总体部署、“四个全面”战略布局和长江经济带“五个关系”的指导精神，坚持生态优先、绿色发展，坚持长江经济带“共抓大保护、不搞大开发”，以改善生态环境质量为核心，以资源环境生态红线管控为手段，细化生态环境空间分区管控战略、优化中心城区生态空间、农业空间、城镇空间布局，推进生态环境保护、国土开发、城乡建设、产业发展等多规融合，促进环境质量稳步提升、生态格局安全稳固、资源利用集约高效、产业布局科学合理、人与自然和谐共生，实现中心城区绿色转型和高质量发展。

三、规划依据

1. 主要法律法规

（1）《中华人民共和国环境保护法》（2014年4月24日修订，2015年1月1日起施行）；

（2）《中华人民共和国水污染防治法》（2017 年 6 月 27 日修订，2018 年 1 月 1 日起施行）；

（3）《中华人民共和国大气污染防治法》（2018 年 10 月 26 日修订，2016 年 1 月 1 日起施行）；

（4）《中华人民共和国水法》（2016 年 7 月 2 日修订，2002 年 10 月 1 日施行）；

（5）《中华人民共和国土壤污染防治法》（2018 年 8 月 31 日发布，2019 年 1 月 1 日起施行）；

（6）《中华人民共和国固体废物污染环境防治法》（2016 年 11 月 7 日修正，2005 年 4 月 1 日起施行）；

（7）《中华人民共和国循环经济促进法》 （2008 年 8 月 29 日公布，2009 年 1 月 1 日起施行）；

（8）《中华人民共和国水土保持法》（2010 年 12 月 25 日修订，2011 年 3 月 1 日起施行）；

（9）《中华人民共和国防洪法》（2016 年 7 月 2 日修订，1998 年 1 月 1 日起施行）；

（10）《中华人民共和国自然保护区条例》（2017 年 10 月 7 日修订，1994 年 12 月 1 日起施行）；

（11）《中华人民共和国森林法》（2009 年 8 月 27 日修订，1985 年 1 月 1 日起施行）；

（12）《中华人民共和国森林法实施条例》（2018 年 3 月 19 日修订，2018 年 3 月 19 日起施行）；

（13）《中华人民共和国野生动物保护法》（2016 年 7 月 2 日修订，2017 年 1 月 1 日起施行）；

（14）《中华人民共和国野生植物保护条例》（2017 年 10 月 7 日修订，1997 年 1 月 1 日起施行）；

（15）《风景名胜区条例》（2016 年 2 月 6 日修订，2006 年 12 月 1 日起施行）；

（16）《畜禽规模养殖污染防治条例》（2013 年 11 月 11 日发布，2014 年 1 月 1 日起施行）；

（17）《城镇排水与污水处理条例》（2013 年 10 月 2 日发布，2014 年 1 月 1 日起施行；

（18）国家林业局　财政部关于印发《国家级公益林区划界定办法》和《国家级公益林管理办法》的通知（林资发〔2017〕34 号）；

（19）《国家林业局关于修改〈湿地保护管理规定〉的决定》（国家林业局令　第 48 号，2017 年 11 月 3 日修订，2018 年 1 月 1 日起施行）；

（20）《地质遗迹保护管理规定》（1995 年 5 月 4 日公布，1995 年 5 月 4 日起施行）；

（21）《饮用水水源保护区污染防治管理规定》（2010 年 12 月 22 日修订，1989 年 7 月 10 日起施行）；

（22）《水库大坝安全管理条例》（1991 年 3 月 22 日中华人民共和国国务院令　第 78 号公布）；

（23）《湖北省水污染防治条例》（2014 年 1 月 22 日湖北省第十二届人民代表大会第二次会议通过）；

（24）《湖北省森林和野生动物类型自然保护区管理办法》（湖北省人民政府令　第 249 号，2003 年 8 月 1 日起施行）；

（25）《湖北省水库管理办法》（2002 年 6 月 17 日通过，2002 年 8 月 1 日起施行）；

（26）《湖北省湖泊保护条例》（2012 年 5 月 30 日颁布，2012 年 10 月 1 日起施行）；

（27）《湖北省农业生态环境保护条例》（2006 年 9 月 29 日通过，2006 年 12 月 1 日起施行）；

（28）《湖北省风景名胜区条例》（2018 年 1 月 18 日通过，2018 年 5 月 1 日起施行）；

（29）《湖北省地质环境管理条例》（2001 年 5 月 31 日公布，2001 年 8 月 1 日起施行）；

（30）《湖北省生态公益林管理办法》（鄂林天办〔2010〕176 号）；

（31）《湖北省天然林保护条例》（湖北省第十三届人大常委会第五次会议 2018 年 9 月 30 日通过，2018 年 12 月 1 日起施行）；

（32）《宜昌市城区重点绿地保护条例》（宜昌市人大常委会 2016 年 9 月 28 日通过，并经湖北省人大常委会 2016 年 12 月 1 日批准，2017 年 1 月 1 日起施行）。

2. 主要规划及文件

（1）《国务院关于印发全国主体功能区规划的通知》（国发〔2010〕46 号）；

（2）《国务院关于印发水污染防治行动计划的通知》（国发〔2015〕17 号）；

（3）《国务院关于印发大气污染防治行动计划的通知》（国发〔2013〕37 号）；

（4）《国务院关于印发土壤污染防治行动计划的通知》（国发〔2016〕31 号）；

（5）《国务院关于印发“十三五”生态环境保护规划的通知》（国发〔2016〕65 号）；

（6）《全国生态功能区划（修编版）》（环境保护部　中国科学院　公告　2015 年第 61 号）；

（7）《国家发展改革委等 9 部委印发〈关于加强资源环境生态红线管控的指导意见〉的通知》（发改环资〔2016〕1162 号）；

（8）《关于划定并严守生态保护红线的若干意见》（中办、国办 2017 年 2 月 7 日印发）；

（9）《关于印发生态保护红线划定技术指南的通知》（环办生态〔2017〕48 号）；

（10）《关于印发〈“生态保护红线、环境质量底线、资源利用上线和环境准入负面清单”编制技术指南（试行）〉的通知》（环办环评〔2017〕99 号）；

（11）《国务院办公厅转发水利部等部门关于加强蓄滞洪区建设与管理若干意见的通知》（国办发〔2006〕45 号）；

（12）《在国家级自然保护区修筑设施审批管理暂行办法》（国家林业局令　第 50 号，2017 年 12 月 26 日通过，2018 年 4 月 15 日起施行）；

（13）《关于实行最严格水资源管理制度的意见》（国发〔2012〕3 号）；

（14）《集中式饮用水水源地规范化建设环境保护技术要求》（HJ 773—2015）；

（15）《关于印发长江经济带生态环境保护规划的通知》（环规财〔2017〕88 号）；

（16）《关于发布长江经济带发展负面清单指南（试行）的通知》（推动长江经济带发展领导小组办公室文件第 89 号）；

（17）《生态环境部　农业农村部关于印发农业农村污染治理攻坚战行动计划的通知》（环土壤〔2018〕143 号）；

（18）《省人民政府办公厅关于印发湖北省县级以上集中式饮用水水源保护区划分方案的通知》（鄂政办发〔2011〕130 号）；

（19）《省人民政府关于印发湖北省主体功能区规划的通知》（鄂政发〔2012〕106 号）；

（20）《省人民政府关于发布湖北省生态保护红线的通知》（鄂政发〔2018〕30 号）；

（21）《省环保厅 省发改委关于印发湖北省生态保护红线划定方案的通知》（鄂环发〔2018〕8 号）；

（22）《省人民政府办公厅关于进一步加强全省自然保护区建设和管理工作的通知》（鄂政办发〔2018〕51 号）；

（23）《湖北省实施〈中华人民共和国防洪法〉办法》（2010 年 7 月 30 日修订，1998 年 11 月 27 日起施行）；

（24）《关于划定高污染燃料禁燃区的通告》（宜昌市人民政府 2014 年 10 月发布）；

（25）《市人民政府关于实行最严格水资源管理制度的通知》（宜府发〔2014〕10 号）；

（26）《宜昌市人大常委会关于加强城区生态红线保护的决定》（2015 年 5 月 22 日，宜昌市五届人大常委会第二十五次会议审议通过）；

（27）《宜昌市水资源管理委员会办公室关于下达 2016—2020 年度水资源管理控制指标的通知》（宜水资源委办〔2016〕4 号）；

（28）《宜昌市水资源管理委员会办公室关于下达 2016—2020 年度万元 GDP 用水量

控制指标的通知》（宜水资源委办〔2017〕1号）；

（29）《关于开展环境控制性详细规划编制及生态保护红线勘界工作的通知》（宜府办函〔2017〕4号）；

（30）《中共宜昌市委　宜昌市人民政府关于化工产业专项整治及转型升级的意见》（宜发〔2017〕15号）；

（31）《市人民政府关于宜昌市养殖水域滩涂规划（2017—2030年）的批复》（宜府函〔2017〕151号）；

（32）《市人民政府关于印发长江大保护宜昌市实施方案的通知》（宜府发〔2017〕27号）；

（33）《市人民政府关于发布宜昌市城区重点绿地名录（2017年）的通告》（宜府发〔2017〕33号）；

（34）《市人民政府关于印发宜昌长江大保护十大标志性战役相关工作方案的通知》（宜府发〔2018〕17号）；

（35）《市人民政府办公室关于印发宜昌市湿地保护修复制度实施方案的通知》（宜府办发〔2018〕41号）；

（36）《宜昌市国民经济和社会发展第十三个五年规划纲要》（宜昌市人民政府2016年6月印发）；

（37）《宜昌市环境总体规划（2013—2030年）》（宜昌市五届人大常委会第二十三次会议2015年1月9日审议通过）；

（38）《宜昌市土地利用总体规划（2006—2020年）》（调整完善）（鄂政函〔2018〕52号）；

（39）《宜昌市城市总体规划（2011—2030年）》（湖北省人民政府2013年2月6日批准）；

（40）《宜昌市生态建设与环境保护“十三五”专项规划》（宜府办发〔2017〕28号）；

（41）《长江宜昌段生态环境修复及绿色发展规划》（宜府发〔2018〕3号）；

（42）《长江宜昌段生态环境修复和三峡生态治理试验总体方案》（2017—2020年）；

（43）《关于印发〈宜昌市环境控制性详细规划编制技术指南〉（修订）的通知》（宜环委发〔2018〕7号）；

（44）《关于公布〈宜昌市环境总体规划（2013—2030年）〉附表校正清单的通告》（宜环委发〔2018〕7号）；

（45）《宜昌市人民代表大会常务委员会关于审议环境总体规划调整的工作规则》（宜昌市第六届人民代表大会常务委员会第二十七次主任会议2018年12月5日通过）。

四、规划年限

规划基准年：2017 年。

规划年限：2018—2030 年，近期到 2020 年，中期到 2025 年，远期到 2030 年。

五、规划范围

宜昌市中心城区包括：西陵区、伍家岗区、点军区、猇亭区、小溪塔街道、三峡坝区、乐天溪镇、三斗坪镇、太平溪镇、龙泉镇、鸦鹊岭镇、白洋镇、安福寺镇、顾家店镇、红花套镇、高坝洲镇行政辖区，总面积约 2 840 km^2。

本规划范围为：西陵区、伍家岗区、点军区、猇亭区和宜昌高新技术产业开发区（以下简称“宜昌高新区”），总面积为 1 009.38 km^2（见表 1-1），规划范围建成区面积为 135.1 km^2，包括 18 个街道、4 个镇、3 个乡，总人口约 95.68 万人。

表 1-1　规划范围行政区划情况

行政区	包含的街道、乡镇、工业园区	国土面积/km^2	行政管辖面积/km^2
西陵区	西陵街道、学院街道、云集街道、西坝街道、葛洲坝街道、夜明珠街道、窑湾街道	78.4	66.89
伍家岗区	大公桥街道、伍家岗街道、宝塔河街道、万寿桥街道、伍家乡	84.77	80.42
点军区	点军街道、桥边镇、艾家镇、联棚乡、土城乡	533	499.33
猇亭区	古老背街道、云池街道、虎牙街道	118.52	118.52
宜昌高新区	东山园区（东苑街道、南苑街道、北苑街道） 宜昌生物产业园（龙泉镇的土门村、梅花村、车站村、石花山村、土门柑桔场） 电子信息产业园（桥边镇的桥边村、李家湾村、白马溪村、韩家坝村、六里河村、黄家鹏村） 白洋工业园（白洋镇、顾家店镇高殿寺村部分区域）	—	244.21
合计		814.69	1 009.38

六、规划原则

1. 生态优先，绿色发展

坚持在保护中发展，在发展中保护，划定生态功能保障基线，完善生态环境空间分区管控制度，构建生态安全格局稳固、国土空间开发布局合理的中心城区绿色发展新格局。

2. 以人为本，和谐发展

坚持生态惠民、生态利民、生态为民的发展战略，以改善环境质量、维护人居环境健康安全作为根本出发点和立足点，划定环境质量安全底线，完善水及大气环境质量分区管控制度，制定环境质量改善中长期战略，促进经济社会发展与环境保护相协调，实现人与自然和谐共生。

3. 合理开发，持续发展

以环境承载力为基础，科学确定不同区域资源利用及环境承载力上线，优化资源开发、产业结构与布局，构建城镇建设、产业发展与资源环境承载力相协调的格局，促进经济社会的可持续发展。

4. 多规融合，统筹发展

与生态环保规划、经济社会发展规划、土地利用规划、城乡规划等规划有机融合，将规划要求落实到国土空间用途管制、经济社会发展及行业规划等领域，实现规划成果共享，为中心城区“多规合一”“多审合一”以及生态文明建设提供科学依据。

七、规划目标

1. 总体目标

在建设长江经济带区域性中心城市的进程中，大力实施生态文明建设战略，将宜昌市中心城区建设成为生态格局安全稳固、自然资源利用集约高效、环境质量优良、环境公共服务设施健全、绿色低碳、宜居宜业宜旅、具有较强竞争力和影响力、人与自然和谐共生的高质量社会主义现代化城市。

2. 分阶段目标

到 2020 年，资源环境生态红线全面落实，产业结构与布局逐步优化，经济社会发展与生态环境保护相协调的空间格局基本形成，主要污染物排放量显著下降，资源能源消耗水平大幅降低，环境基本公共服务水平得到提高，环境质量明显改善，人与自然和谐发展的总体格局基本形成，满足全面建成小康社会的环境要求。

到 2025 年，资源环境生态红线对国土空间开发布局的优化作用全面加强，绿色、生态、循环的产业体系基本建立，区域主要污染物排放量降至环境承载力以下，绿色清洁能源普及率显著提高，资源能源集约利用水平位居国内前列，环境基本公共服务体系逐渐完备，环境质量持续提升，人与自然和谐发展的格局全面形成。

到2030年，资源环境生态保护红线制度贯彻执行绩效显著，生态系统健康稳定，重点生态功能区域实现全面保护；城镇环境质量清洁健康，长江（宜昌段）地表水、环境空气、土壤及生态环境质量实现根本好转；自然资源利用集约高效，产业结构和布局科学合理，生产生活方式绿色低碳循环；环境公共服务设施健全，城市建设、经济发展与生态环境保护友好协调，建成人与自然和谐共生的国家生态文明建设示范区。

八、规划指标

《规划》建立覆盖生态格局、资源利用、环境质量和环境公共服务四大领域共26项指标的绿色指标体系（见附表1），包括16项约束性指标、10项预期性指标。

1. 目标一：形成安全稳固的生态格局

到2030年，中心城区生态保护红线面积保持稳定，生态功能控制区面积不低于44.85%，水环境质量红线区面积不低于9.43%，大气环境质量红线区面积不低于62.18%，森林覆盖率保持稳定。

2. 目标二：自然资源利用集约高效

到2030年，中心城区能源利用总量控制在1 250万t标准煤/a以内，燃煤消费总量控制在180.6万t标准煤/a以内，单位地区生产总值能耗控制在0.55 t标准煤/万元以下；严格控制水资源开发利用总量，中心城区用水总量控制在4.472亿m^3/a以内，万元GDP用水量不超过22.2 m^3/万元，万元工业增加值用水量不超过16.2 m^3/万元，点军区农田灌溉有效利用系数不低于56.8%，猇亭区农田灌溉有效利用系数不低于57.9%；西陵、伍家岗、点军和猇亭四个区建设用地总规模不宜超过220 km^2；水环境承载率≤0.85，大气环境承载率≤0.9。

3. 目标三：地表水及环境空气质量优良

到2030年，乡镇级及以上集中式饮用水水质达标率达到100%，县级及以上地表水环境断面达到水环境功能区划标准的比例达到100%，完全消除劣V类水体；环境空气优良天数比例达到88%、细颗粒物（$PM_{2.5}$）浓度不高于35 μg/m^3，可吸入颗粒物（PM_{10}）浓度不高于55 μg/m^3；生态环境状况指数（EI）在现有基础上继续上升。

4. 目标四：建立公平共享的环境公共服务体系

到 2030 年，城镇污水集中处理率达到 100%，城镇生活垃圾无害化处理率达到 100%，集中式饮用水水源地监测覆盖到重点村集中式饮用水水源地，环境空气监测体系覆盖乡镇、街道。

第二章　生态环境状况

第一节　生态环境质量现状

1. 环境空气质量总体改善

2017 年，宜昌市城区 PM_{10}、$PM_{2.5}$ 年均浓度分别为 88 μg/m^3、58 μg/m^3，PM_{10} 年均浓度较 2013 年下降 19.3%。环境空气质量优良天数为 258 天，优良率为 70.7%，比 2014 年增加 82 天（增长 46.6%），重度及以上污染天数较 2014 年下降 72%。SO_2、NO_x、CO、PM_{10}、$PM_{2.5}$ 浓度呈下降趋势，臭氧浓度呈轻微上升趋势，臭氧月均浓度在春末和夏季较高。

2. 集中式饮用水水源地水质良好

2017 年，宜昌城区官庄水库、楠木溪水库、善溪冲水库、长江西坝水厂水源地、东山运河备用水源地五个县级及以上集中式饮用水水源地水质均达到III类标准，水质达标率为 100%。

3. 长江干流水质呈改善趋势，部分支流水环境质量治理改善形势紧迫

2017 年，中心城区纳入国家考核的地表水质断面 1 个，为长江白洋（云池）断面，水质达到III类标准。运河石板村及铁路桥断面水质达到II类，桥边河（卷桥河）、善溪冲水质总体情况“良好”，达到III类；柏临河土门大桥断面水质为IV类，灵宝村及猫子咀断面水质下降至V类；运河万寿桥断面水质下降至V类；五龙河及沙河总体呈劣V类。长江支流水质超标因子主要为氨氮、总磷。

4. 生态环境状况总体为良

2017 年，中心城区生态环境状况总体为良，生态环境状况指数平均值为 64.45，各区

生态环境状况指数在 56.75～77.27，点军区生态环境状况等级为优，其余为良。规划范围林地面积为 57 685.66 hm^2，占国土面积的 57.15%；森林面积为 49 316.23 hm^2，森林覆盖率为 48.86%。

第二节　主要生态环境问题

1. 快速城镇化及建设用地需求与生态空间维护存在冲突

根据 2000—2010 年全国十年遥感调查评估和 2015 年国土调查更新数据，全市城镇空间平均以每年约 0.86%的速度扩张，生态空间和农业空间分别以平均每年约 0.03%和 0.07%的速度缩减。

2. 地表水体主要水污染物排放量超载，城区水体黑臭问题突出

各区主要水污染物排放量超载严重，氨氮超载尤为严重，中心城区废水排放以生活源为主（猇亭区除外），中心城区共有黑臭水体 12 段，分布在 8 条河流上，总长度为 93.9 km。

3. 大气污染物排放处于高位，环境空气中颗粒物浓度超过二级标准

2017 年，宜昌市中心城区 $PM_{2.5}$ 和 PM_{10} 年均浓度分别超二级标准 0.66 倍、0.26 倍，年排放总量分别超过区域环境空气承载力的 2.8 倍、1.4 倍。中心城区环境空气质量在全市排名靠后，季节性污染特征显著，每年 12 月至次年 3 月环境空气质量较差，污染天数比例较高，空气质量现状与人民群众的期望存在较大差距。

第三节　生态环境形势分析

1. 快速城镇化将进一步增大生态空间保护的压力

根据《宜昌市土地利用总体规划（2006—2020 年）》（调整完善）等相关规划，中心城区扩展边界内的各类土地总面积约 296.3 km^2，城市建设用地总规模为 135.1 km^2。按照宜昌市城市总体规划“中心城区+长江城镇聚合带”的市域空间结构发展模式，城市建设

聚集趋势可能增加西陵区、点军区、伍家岗区、宜昌高新区内自然保护区、风景名胜区、生态公益林、水源涵养功能重要区等生态区域的保护压力。

2. 水环境压力逐步增大

若不采取强有力的污染物总量减排措施，到 2020 年，中心城区化学需氧量、氨氮、总磷排放量预计分别增长 7.1%、7.3%、7.5%。其中，氨氮、总磷排放量将进一步超出本地区水环境容量，化学需氧量排放量将接近区域水环境容量。若不加快提高城乡污水收集处理率和大幅削减农业面源污染，中心城区水污染物排放将给水环境改善带来很大压力。

3. 环境空气质量改善进入瓶颈期

2017 年，宜昌市城区 PM_{10} 与优良天数比例改善幅度较大，$PM_{2.5}$ 改善幅度最小。臭氧污染日益凸显，臭氧浓度连续四年不降反升，特别是夏季对优良天数比例带来不利影响。中心城区环境空气首要污染物为 $PM_{2.5}$，$PM_{2.5}$ 全年贡献率：机动车与船舶尾气源≥燃煤源≥工业工艺源≥扬尘源≥二次无机源≥其他源≥生物质燃烧源，机动车和船舶排放的大气污染物是 $PM_{2.5}$ 的主要来源之一，全年对 $PM_{2.5}$ 的贡献率超过 25%，且呈上升趋势。

第三章 环境功能定位及战略分区

第一节 环境功能定位

1. 全国生态功能区划对宜昌市的定位

在《全国生态功能区划（修编版）》中，宜昌市总体属于全国重要生态功能区中武陵山区生物多样性保护与水源涵养重要区之鄂西南生物多样性保护功能区及三峡库区土壤保持重要区。

2. 湖北省主体功能区规划对宜昌中心城区的定位

西陵区、伍家岗区、点军区、猇亭区、宜昌高新区等隶属宜荆荆地区，属于省级层面重点开发区域。该区域处于长江和沪汉渝高速公路复合发展一级轴线上，是湖北省区域经济空间发展格局中的重要城市群，鄂西南地区和江汉平原的重要增长极。该区域需严格保护生态环境，加强水源和森林资源保护，搞好长江沿线生态防护林建设。

3. 宜昌市环境总体规划对宜昌市中心城区的定位

宜昌市环境功能定位为“四区一库”，即国家生态文明建设示范区、国家重要珍稀濒危物种资源库、国家重要的水源涵养区、长江水环境调节区、鄂西生态屏障区。中心城区隶属宜昌市中部城镇环境维护区，该区域是宜昌市人口、城镇和产业聚集区，要坚持在发展中保护，加强对东部产业集聚区发展调控，引导工业园区合理布局、集约发展，限制大规模废气排放项目建设，强化大气污染防治；大力抓好长江及其主要支流水环境治理与生态修复，加强长江湖北宜昌中华鲟自然保护区的保护，防范沿江产业带环境风险。

结合本地在国家、省、市层面的环境功能定位、区域自然生态资源禀赋以及经济社会环境状况，确定宜昌市中心城区生态环境功能定位为：长江中游水环境调节与水源涵养重要区、以长江湖北宜昌中华鲟自然保护区为核心的生物多样性维护区、国家生态文明建设先行示范区。

第二节 环境战略分区

中心城区划分为西部及南部自然生态功能（水源涵养、水环境调节、水土保持、生物多样性维护）保育区、东部工业产业聚集区和中部人居生活环境维护区三个环境战略分区（见附表2）。按照生态、生产和生活三大空间实施差别化发展与保护。

1. 西部及南部自然生态功能保育区

该区主要包括：点军区西部及南部（土城乡、联棚乡、桥边镇、艾家镇、点军街道）、西陵区北部（葛洲坝街道、夜明珠街道）、伍家岗区东南部（灵宝村、前坪村）、猇亭区东部及北部（虎牙街道、福善场村）、长江干流等生态功能重要区，总面积452.61 km^2。

该区按禁止或限制开发区域要求进行管理，加强自然保护区、森林公园、生态公益林、风景名胜区、集中式饮用水水源保护区、永久性保护绿地、山体及水体等自然保护地的保护，增强长江干流及沿江自然生态系统的水源涵养、水土保持、生物多样性维护功能和长江葛洲坝库区水环境调节功能，促进生态系统的稳定和良性循环；加强水土流失治理和地质灾害防治；改善农村能源结构，严格控制农业面源污染；禁止毁林开荒，开展封山育林，大力提升森林质量，增强林地和森林的水源涵养及水土保持功能；加强土壤侵蚀严重区、石漠化区、历史遗留矿山、受污染土壤及水环境的生态修复与保护；适度发展旅游和康养产业，从严控制土地开发面积和强度。

2. 东部工业产业聚集区

该区主要包括：宜昌高新区宜昌生物产业园、电子信息产业园、白洋工业园，宜昌经济开发区猇亭园区，三峡临空经济区（猇亭部分），湖北伍家岗工业园（含花艳片区、拓展片区），总面积260.21 km^2。

该区全面实施产业转型升级及绿色发展，开展生态化改造，建立企业间、产业间相互衔接、相互耦合、相互共生的低碳生态产业链；以生态工业园区建设标准引导园区发展，将经济发展指标、物质减量与循环指标、污染控制指标作为入园企业准入的重要标准；建设区域性特色资源再生利用基地，大力发展环保高科技产业，利用高新技术实现工业园区污染物、城区及农业区废弃物减量化和资源化；改善工业能源结构，推行分布式能源，建设园区智能微电网，推广集中供热，不断降低园区综合能耗；合理利用区域环境容量，以资源环境承载力为先导约束条件，优化工业园区产业布局，调控园区产业类型及规模；严格控制在源头敏感区、布局脆弱区布局废气排放量大的行业和企业，降低对中心城区人口密集区环境空气质量的影响，严格控制污染物排放总量；完善环保基础设施建设，实施工业企业全过程环境监管，强化环境风险应急体系建设；全面落实长江保护各项工作部署，实施长江两岸造林绿化和生态复绿，维护好长江干流生态廊道的自然环境功能。

3. 中部人居生活环境维护区

该区主要包括：点军区东部及中南部（联棚乡、桥边镇、艾家镇、点军街道）、西陵区中南部（西陵街道、学院街道、云集街道、窑湾街道、葛洲坝街道、夜明珠街道、西坝街道）、伍家岗区、猇亭区、宜昌高新区东山园区（东苑街道、南苑街道、北苑街道），总面积 296.56 km^2。

该区应全面加强生活污染源及农业面源的治理，实现市政及环保基础设施全覆盖，污染型企业逐步退城进园，建设自然、和谐、宜居、美丽的生态城市；加大对机动车船废气、扬尘等大气污染源治理力度，实施黑臭水体专项整治及污染土壤综合整治，加强环境治理能力建设，守卫好蓝天碧水净土；加大对自然生态系统的保护和修复，严格生态功能控制区、水及大气环境质量红线区的管控，加强对重要自然与人文景观的保护，构建山水园林城市；严控城市边界拓展及规模，对土地利用实行集约和高效开发，完善城市功能，普及清洁能源，倡导绿色低碳循环的生活方式，不断改善中心城区人居环境质量。优先发展生态农业、综合服务业、绿色旅游业、绿色建筑业，配套发展科技含量高、资源能源消耗低、无污染的绿色生态工业。

第四章　生态环境空间分区管控

第一节　生态环境空间分区

根据生态评价结果、按照生态功能分区分级管控的原则，核定中心城区生态保护红线、生态功能控制线、生态功能黄线及绿线，形成四个层级的生态功能管控分区。

一、生态功能控制线

中心城区生态功能控制线范围面积为452.74 km^2，占中心城区国土总面积的44.85%，包括73个地块（见附表3、附表4）。其中，西陵、伍家岗、点军、猇亭四个行政区生态功能控制线范围面积为 425.75 km^2。宜昌市中心城区生态功能控制线划定范围保护的自然生态地块类型包括：市级及以上自然保护区、市级及以上森林公园、省级及以上地质公园、省级及以上风景名胜区、县级及以上集中式饮用水水源保护区、省级及以上生态公益林、水源涵养和土壤保持功能极重要区、土壤侵蚀极敏感区、重要河流、重要水库、宜昌市永久性保护绿地、山体和水域等。

根据生态系统主要功能，中心城区生态功能控制线划分为水源涵养生态功能控制线、生物多样性维护生态功能控制线、湖泊湿地洪水调蓄生态功能控制线三种类型（不同类型空间范围存在重叠，详见附表3）。

水源涵养生态功能控制线划定范围为359.11 km^2，占中心城区国土面积的35.57%，主要包括：县级以上集中式饮用水水源保护区、国家级和省级生态公益林、经评价确定的水源涵养和土壤保持功能极重要区、市级及以上森林公园、宜昌市永久性保护绿地、山体和水域等重要生态功能区。

生物多样性维护生态功能控制线划定范围为 135.12 km^2，占中心城区国土面积的13.39%，主要包括市级及以上自然保护区和省级自然保护区、国家级水产种质资源保护区、国家级地质公园、国家级风景名胜区等重要生态功能区。

湖泊湿地洪水调蓄生态功能控制线划定范围为 58.87 km^2，约占中心城区国土面积的5.83%。主要包括长江、重要水库等河湖湿地洪水调蓄重要功能区。

二、生态保护红线

生态保护红线是生态功能控制线的核心部分，依据《湖北省生态保护红线划定方案》，中心城区生态保护红线区面积为 106 km^2，占中心城区生态功能控制线范围的 23.5%，占国土面积的 10.51%[①]。

生态保护红线区以外的生态功能控制线范围为 345.38 km^2，占中心城区生态功能控制线范围的 76.49%，占中心城区国土面积的 35.13%。

三、生态功能黄线

除中心城区生态功能控制线以外的其他重要的生态功能区划定为生态功能黄线区，总面积为 20.61 km^2，共 7 个地块，占中心城区国土总面积的 2.34%，保护类型包括：长江干流及主要支流河滨带、湖泊及水库湖滨带、水源涵养功能重要区、土壤保持功能重要区、土壤侵蚀敏感区等（详见附表 5）。

四、生态功能绿线

生态功能绿线区为生态功能控制区及生态功能黄线区以外的区域，主要包括：城镇规划建设区、乡镇人口集中区、工业园区、基本农田、耕地等合法的开发建设区域，总面积为 533.05 km^2，占中心城区国土面积的 52.81%。

中心城区生态环境空间分区面积统计（见表 4-1）。

① 宜昌市中心城区生态保护红线划定面积及范围以湖北省人民政府公布的方案为准。

表 4-1　中心城区生态环境空间分区面积统计表

行政区	生态功能控制区				生态功能黄线区		生态功能绿线区	
	面积/km²	占行政区面积比例/%	生态保护红线区*		面积/km²	占行政区面积比例/%	面积/km²	占行政区面积比例/%
			面积/km²	占国土面积比例/%				
西陵区	30.93	46.25	20.2	25.77	1.01	1.51	34.95	52.25
伍家岗区	25.74	32.01	14.8	17.46	3.59	4.46	51.10	63.53
点军区	324.87	65.06	55.1	10.34	10.86	2.17	163.60	32.76
猇亭区	44.20	37.29	11.0	9.28	5.61	4.73	68.72	57.98
宜昌高新区	26.99	11.05	5.0**	2.06	2.54	1.04	214.68	87.91
合计	452.73	44.85	106.1	10.51	23.61	2.34	533.05	52.81

注：*面积与《湖北省生态保护红线划定方案》数据一致，**——白洋工业园范围内生态保护红线区（长江湖北宜昌中华鲟自然保护区）。

第二节　生态环境空间分区管控制度

一、生态功能控制区管控制度

生态功能控制区（生态功能控制线划定的范围）原则上禁止大规模城镇建设、工业项目、矿产资源开发、新建引水式电站、房地产开发、规模化养殖场和其他破坏区域自然生态环境的开发建设活动。自然保护区、风景名胜区、集中式饮用水水源保护区、森林公园、湿地公园、地质公园、生态公益林、永久性保护绿地山体和水体等法定自然保护地按照法律法规及主管部门发布的管理制度和保护性规划进行管理；其他生态功能控制区（包括水源涵养功能极重要区、土壤侵蚀极敏感区、土壤保持功能极重要区等）执行环境准入清单制度（见附表 6）。

生态保护红线区原则上按禁止开发区域的要求进行管理，严禁不符合主体功能定位的各类开发活动，严禁任意改变用途，确保生态功能不降低、面积不减少、性质不改变。生态保护红线区执行国家及湖北省制定的生态保护红线管理制度。

规划实施期内，若现有各类法定自然保护地范围与面积依法发生调整，按照调整后的方案纳入生态功能控制线进行管理。新设立的自然保护区、风景名胜区、集中式饮用水水源保护区、森林公园、地质公园、湿地公园、生态公益林等法定自然保护地自动纳入生态功能控制线管理，生态功能控制区内其他类型地块的调整需经过市人大常委会审议批准。

二、生态功能黄线区管控制度

生态功能黄线区对产业布局、城镇建设、资源开发、项目建设实行限制性管控，在满足相关法律法规要求的前提下，执行环境准入负面清单制度（见附表 7）。

三、生态功能绿线区管控制度

生态功能绿线区按照一般管控区进行管理，严格执行生态环境保护、土地管理等法律法规和规划，对国土资源实现高效集约利用。

第五章 水环境质量分区管控

第一节 水环境质量分区

根据水环境功能区划，结合水环境质量现状评价结果，核定中心城区水环境质量红线、黄线及绿线，形成三个层级的水环境质量管控分区。

一、水环境质量红线

中心城区水环境控制单元共 163 个，水环境质量红线区共含水环境控制单元 19 个，面积为 95.16 km^2，占中心城区国土面积的 9.43%，主要包括：乡镇及以上集中式饮用水水源地取水口上游汇流水质单元及水质目标在Ⅱ类及以上的地表水汇流水质单元（详见附表 8）。

二、水环境质量黄线

水环境质量黄线区共含水环境控制单元 111 个，面积为 761.89 km^2，占中心城区国土面积的 75.48%，包括：流经城镇水质目标为Ⅱ类的河流湖库汇流水质单元，以工业源为主的汇流水质单元，水质目标为Ⅲ类及以下、现状水质超标的汇流水质单元等（详见附表 9、附表 10）。

三、水环境质量绿线

水环境质量绿线区共含水环境控制单元 33 个，面积为 152.34 km^2，占中心城区国土总面积的 15.09%，包括：水质目标为Ⅲ类及以下、现状水质达标、水环境容量富余的汇流水质单元。

中心城区水环境质量分区面积统计见表 5-1。

表 5-1　中心城区水环境质量分区面积统计表

行政区	水环境质量红线区		水环境质量黄线区		水环境质量绿线区	
	面积/km^2	占行政区面积比例/%	面积/km^2	占行政区面积比例/%	面积/km^2	占行政区面积比例/%
西陵区	6.77	10.12	55.78	83.39	4.34	6.49
伍家岗区	0.00	0.00	71.46	88.85	8.96	11.15
点军区	70.69	14.16	290.75	58.23	137.89	27.61
猇亭区	9.78	8.25	107.71	90.88	1.03	0.87
宜昌高新区	7.91	3.24	236.18	96.72	0.11	0.04
合计	95.16	9.43	761.89	75.48	152.34	15.09

第二节　水环境质量分区管控制度

一、水环境质量红线区管控制度

（1）对水生态环境实行最严格的保护，水环境控制单元所在流域水污染物实行总量减排，全面从严管控排污口及污水排放。

（2）禁止新建排污口，现有工业企业、矿山、服务业废水排放口限期关闭；现有生活污水集中处理设施排放口污染物排放浓度应达到一级 A 标准，并通过人工湿地等自然生态净化系统进一步处理后回用于农业灌溉用水、绿化、生活杂用水等，确保对饮用水水源地水质无不利影响。

（3）禁止排放施工废水、船舶废水、养殖业废水、服务业废水、温排水；禁止倾倒生活垃圾、畜禽粪便、固体废物及农业废弃物等污染物。

（4）人口集中区初期雨水经收集、处理达到中水标准后就地回用，确需排放的须进一步采取自然生态净化措施处理后排放，确保对地表水环境无不利影响。

（5）大力发展生态绿色农业，推广农业节水，实施农村地区用水梯级循环；严格控制化肥及农药施用强度，实施科学种植和农业面源污染防治；落实禁养区关、停、搬迁的要求，禁止建设规模化畜禽养殖场，严格控制畜禽养殖农户散养规模（户均生猪年存栏量不得超过 5 头，其他养殖品种以折算当量为准）；禁止网箱养殖、投肥（粪）养殖。

（6）禁止在河流、水库水域外围第一重山脊线内开展露天采矿，以上区域内现有露天采矿项目限期关闭；露天矿山雨水经收集治理后就地回用。

（7）集中式饮用水水源保护区内全面落实雨污分流，禁止生活污水通过雨水管渠排放；原住居民生活污水和垃圾必须收集处理，禁止排入保护区内水体；饮用水水源保护区内禁止建设餐饮、娱乐、宾馆酒店，现有设施应拆除或关闭；穿越饮用水水源保护区的船只，应配备防止污染物散落、溢流、渗漏设备。

（8）集中式饮用水水源一级保护区禁止新建、改建、扩建与供水设施和保护水源无关的建设项目，已建成的与供水设施和保护水源无关的建设项目，责令拆除或关闭。

（9）集中式饮用水水源二级保护区内禁止新建、改建、扩建排放污染物的建设项目，已建成的排放污染物的建设项目，责令拆除或者关闭，禁止从事游泳、垂钓或其他可能污染水体的活动；旅游码头和航运、海事等管理部门工作码头的污水、垃圾应统一收集至保护区外处理排放；乡级及以下道路和景观步行道应做好与饮用水水体的隔离防护，避免人类活动对水质的影响；县级及以上公路、道路、铁路、桥梁等应严格限制有毒有害物质和危险化学品的运输，开展视频监控，跨越或与水体并行的路桥两侧建设防撞栏、桥面径流收集系统等事故应急防护工程设施。

二、水环境质量黄线区管控制度

（1）对水生态环境实行全面保护，水环境控制单元所在流域水污染物实行严格的总量控制，水质超标流域新（改、扩）建项目实行水污染物排放量 2 倍量削减，即按照建设项目新增污染物排放量的 2 倍及以上实行区域总量削减替代。

（2）对入河排污口进行全面整治，实施规范化建设和管理。Ⅱ类水体及超标水体禁止新设排污口，自然保护区内非法排污口全部取缔关停，关停封堵不符合生态环保要求的排污口；化工企业不得新设排污口，已设置的长江沿岸化工企业排污口 2019 年年底前完成关闭封堵，所有工业园区及工业集聚区实现污水集中处理，工业园区及工业聚集区污水集中处理设施稳定运行，实现“一区一厂一口”（即一个工业集聚区对应一个污水处理厂，保留一个排污口）；对单个涉河（江）排污口全面拦截封堵，污水杜绝直排；禁止无证排污、暗管排污、“双超”（超标、超总量）排污。

（3）加强混合排放口、市政排放口、养殖排放口整治。对未纳入入河排污口审批登记的混合排放口、市政排放口、养殖排放口，要设立排口标识牌，并对污染源进行治理；加快中心城区、城郊接合部及周边集镇污水处理设施和配套管网建设，实现雨污分流，确保污水不外排。

（4）对位于市政污水管网收集范围内的入河排污口、混合排水口，除污水处理厂不能处理的以外，原则上应全部关停，污水接入市政管网。2002 年 10 月 1 日后建成、未取得排污口设置许可和环境影响评价批复的入河排污口，责令拆除，恢复原状，并同步对所属污染源实施综合治理。对存量入河排污口开展规范化建设，确保实现“一口一档”，各个入河排污口有编号、有明显标志牌，有在线计量和监控设施。

（5）重点开展中心城区污水管网建设，全面加强对工业废水、居民生活污水、养殖业废水、施工废水、船舶废水、服务业废水的收集、治理，做到污水全收集、全处理，禁止直接排放；禁止向水体倾倒、排放生活垃圾、固体废物及农业废弃物等污染物；严格限制可能造成严重水体污染和水生态破坏的矿产资源开发。

（6）严格控制农业面源污染，重点加强对超标流域农业面源污染治理，全面推进测土配方、精准施药、生物防治，大幅削减农业面源污染物排放量；贯彻落实宜昌市畜禽养殖“三区”与区域布局方案，禁止在江河湖库开展网箱养殖（以研究和保护珍稀水生生物为目的的网箱养殖活动除外）、投肥（粪）养殖；对水质超标河流、湖库，实施达标综合整治、生态修复。

（7）大力推进中心城区海绵城市建设，提高城镇雨水收集、处理及利用率；开展城镇生活污水处理厂出水深度处理，持续提高中水回用率。

三、水环境质量绿线管控制度

在满足产业准入、污染物达标排放及总量控制等管理制度要求的前提下实施集约利用。

第三节　重点控制水质单元

依据《重点流域水污染防治规划（2016—2020 年）》，宜昌市中心城区涉及 3 个国家水环境控制单元，以长江宜昌市 1 控制单元［白洋（云池）断面］为主，点军区局部区域涉及清江宜昌市控制单元、长江宜昌市控制单元（南津关断面），西陵区局部区域涉及长江宜昌市控制单元（南津关断面），中心城区无国家优先控制单元分区。

中心城区水环境质量红线区水环境控制单元共 19 个，面积 95.16 km^2，主要隶属长江宜昌市 1 控制单元［白洋（云池）断面］，少量隶属清江宜昌市控制单元，全部为优先控制单元。水环境质量黄线区水环境控制单元共 111 个，面积 761.89 km^2，其中，重点控制单元 53 个，面积 441.83 km^2，全部隶属长江宜昌市 1 控制单元［白洋（云池）断面］；非重点控制单元 58 个，面积 320.85 km^2，主要隶属长江宜昌市 1 控制单元［白洋（云池）断面］，少量隶属清江宜昌市控制单元及长江宜昌市控制单元。中心城区水环境质量红线区及黄线区水环境控制单元隶属的区域、流域、水质目标、面积等信息（见附表 8～附表 10）。

第四节　水环境承载力调控

结合 COD、NH_3-N、TP 三项指标水环境承载力分析（见附表 11），中心城区水环境容量现状总体超载，西陵区 NH_3-N 超载 21.31 倍，COD 超载 6.91 倍，TP 超载 0.78 倍；伍家岗区 NH_3-N 超载 4.59 倍，COD 超载 0.52 倍，TP 超载 2.72 倍；猇亭区 NH_3-N 超载 0.79 倍；宜昌高新区 NH_3-N 超载 0.98 倍。

基于不同行政区水环境承载力的差别及现状承载情况，重点调控西陵区、伍家岗区、猇亭区、宜昌高新区等污染物超载区产业及城镇化建设结构与布局，限制发展高耗水及高排水的产业，引导形成与水环境承载相协调的产业发展结构与布局。西陵区、伍家岗区重点以控制生活源为主，实施节水及中水回用工程，大幅削减生活污水污染物排放量；西陵区重点减排化学需氧量、氨氮及总磷；伍家岗区应重点削减氨氮、总磷排放总量；点军区应重点整治畜禽养殖污染，做到种养平衡，禁止畜禽养殖废水直排，大幅削减养殖业污染物排放量；猇亭区应以工业废水为主要对象，重点对总磷实施总量削减；宜昌高新区应重点削减化学需氧量、氨氮排放总量。

加大环保基础设施建设力度，实现中心城区雨污分流及污水收集管网全覆盖，提高污水处理设施处理能力与水平；深入推进中心城区海绵城市规划与建设，提高雨水收集、处理及回用效率，提高城市水源涵养功能，改善地表水环境质量。

全面落实工业产业集聚区环境战略指引。大力实施产业转型升级及绿色发展，推进产业生态化，大力发展循环经济、低碳经济，持续开展企业清洁生产，推广用水梯级循环及废水资源化综合利用，从源头减少水污染物的排放；加大重点行业专项整治力度，严格控制总磷、氨氮等污染物排放强度及总量，强化涉磷工业企业污染治理，集中治理工业集聚区水污染，实现工业园区集中式污水处理厂全覆盖；强化工业园区污水处理厂的提标升级与扩容改造，实现工业园区雨污分流、污水收集管网全覆盖，对污水处理厂污泥开展资源化利用及安全处置；加强船舶港口污染控制，积极开展船舶污染治理，增强港口及码头垃圾、污水收集、转运及处理处置设施建设。依托科技创新和环保产业支撑，提升污水治理水平，全面改善水环境质量；完善水环境监测网络，提高环境监管能力，严格落实重点水环境控制单元环境质量目标管理与考核制度，对流域实施精细化管理。

加大农业面源总磷排放控制力度。全面防治畜禽养殖污染。全面贯彻落实畜禽养殖“三区”与区域布局方案，调整优化养殖业布局。禁养区内全面淘汰规模化养殖业，分期分批关闭禁养区内规模化畜禽养殖场、养殖专业户。积极实施畜禽养殖综合治理，推行清洁种植、生态养殖、种养结合的生态农业模式。

加强生活污水收集与处理能力建设。大力推广节水新技术和新方法，开展中水回用，促进水资源的节约与循环利用；推广使用无磷洗涤剂，倡导低碳节水生活方式；进一步加强污水收集管网建设，因地制宜推进雨污分流和现有合流管网系统的改造，提高城镇污水管网覆盖率和污水处理设施处理效率，城镇生活污水处理厂出水不低于一级 A 标准，污泥实行稳定化、无害化和资源化处理处置，到 2030 年，消除劣Ⅴ类水体。

全面推行河（湖）长制，实施流域污染综合治理，重点整治超标流域，统筹陆上、水上各类污染源，一河（湖）一策，系统整治。流域上下游各级政府、各部门之间加强协调配合、定期会商，实施联合监测、联合执法、应急联动、信息共享。

第六章　大气环境质量分区管控

第一节　大气环境质量分区

根据大气环境功能区划和环境空气空间敏感性、脆弱性识别结果，结合大气环境质量现状评价状况，核定中心城区大气环境质量红线、黄线，形成两层级的大气环境质量管控分区。

一、大气环境质量红线

中心城区大气环境质量红线区包括：环境空气功能一类区（市级及以上自然保护区、风景名胜区、森林公园、湿地公园和其他需要特殊保护的区域等）、受体重要区（城市人口密集区、城镇人口集中区等）、布局敏感区（上风向源头极敏感地区、聚集极脆弱地区等）。中心城区大气环境质量红线区面积为 627.6 km^2，占中心城区国土面积的 62.18%（见附表 12）。

二、大气环境质量黄线

大气环境质量黄线区包括：环境空气功能二类区中的工业集聚区等高排放区域，上风向、扩散通道、环流通道等影响空气质量的布局敏感区域，静风或风速较小的弱扩散区域，涉及对人口集中区有重要影响的区域。大气环境质量黄线区面积为 381.77 km^2，占中心城区国土面积的 37.82%（见附表 13）。

三、大气环境质量绿线

中心城区不划分大气环境质量绿线区。

中心城区大气环境质量分区面积统计（见表6-1）。

表6-1　大气环境质量分区面积统计表

行政区	大气环境质量红线区		大气环境质量黄线区		大气环境质量绿线区	
	面积/km^2	占行政区面积比例/%	面积 km^2	占行政区面积比例%	面积 km^2	占行政区面积比例%
西陵区	66.89	100.0	0.00	0.0	0	0
伍家岗区	60.91	75.7	19.52	24.3	0	0
点军区	427.79	85.7	71.54	14.3	0	0
猇亭区	27.21	23.0	91.31	77.0	0	0
宜昌高新区	44.80	18.3	199.41	81.7	0	0
合计	627.60	62.18	381.77	37.82	0	0

第二节　大气环境质量分区管控制度

一、大气环境质量红线区管控制度

1. 大气环境功能一类区

执行环境空气质量一级标准，原则上禁止新建排放大气污染物的工业项目（农产品就地加工和仓储、农业废弃物资源综合利用、地质勘查、居民服务业等低污染项目除外，以上项目对新增二氧化硫、氮氧化物、颗粒物、挥发性有机物实行区域大气污染物二倍量削减），现有工业企业大气排放源（燃煤锅炉、工业炉窑等）限期关闭；在符合法律法规要求的前提下，实施露天矿山关停整合，限期关停环保不达标、不规范的矿山，严格控制露天矿山数量，不新增大气污染物排放总量，并实施矿山生态修复；禁止使用煤、煤矸石、原油、重油、渣油、煤焦油、石油焦、油页岩以及污染物含量超过国家限值的柴油、煤油等高污染燃料；禁止焚烧秸秆、工业废弃物、环卫清扫物、建筑垃圾、生活垃圾等废弃物；加强餐饮等服务业燃料烟气及油烟污染防治，使用天然气、液化石油气、太阳能、电能等清洁能源。

2. 布局敏感区

执行环境空气质量二级标准，禁止新（改、扩）建除热电联产以外的煤电、建材、焦化、有色、石化、化工等行业中的高污染、高排放项目；禁止新建涉及有毒有害气体排放的化工项目；新（改、扩）建其他项目实行区域大气污染物二倍量削减，即按照建设项目新增污染物排放量的2倍及以上实行区域污染物总量削减替代。

3. 受体重要区

执行环境空气质量二级标准，禁止新建、扩建排放大气污染物的工业项目及露天矿山，禁止新增工业大气污染物；城市基础设施建设期间配套的临时工程应对废气污染物全收集、全治理，并实行区域大气污染物二倍量削减；产生大气污染物的工业企业应持续开展节能减排，大气污染严重的工业企业限期关停或逐步迁出；执行“高污染燃料禁燃区”的管理规定；禁止焚烧秸秆、工业废弃物、环卫清扫物、建筑垃圾、生活垃圾等废弃物；加强餐饮等服务业燃料烟气及油烟防治，推广使用天然气、液化石油气、太阳能、电能等清洁能源，居民气化率逐步达到100%；重点防控机动车船废气排放，实施宜昌籍船舶清洁能源改造，提高船舶“燃气化率”，实现港口码头岸电全覆盖，严控停靠船舶燃油废气排放；全面整治“散乱污”，实施城市扬尘污染防治方案，城市建设全面普及文明施工，严格控制扬尘排放；倡导绿色低碳的出行方式和生活方式，不断降低人均能源消耗及废气污染物排放。

二、大气环境质量黄线管控制度

1. 总体管控要求

执行环境空气质量二级标准，加快淘汰落后产能和过剩产能，禁止新增过剩产能，严控高耗能产业准入；持续削减工业燃煤消费总量，严把煤炭及油品质量关，除热电联产、集中供热外，禁止新建火电燃煤机组；重点行业执行国家大气污染物特别排放限值；严格防控机动车船废气排放，实现港口码头岸电全覆盖；全面整治“散乱污”，推行文明施工，严控交通源、扬尘、挥发性有机物及工业企业无组织排放废气污染；提升区域大气污染监测预警能力，提高工业园区绿化率。

2. 高排放区

控制工业园及产业集聚区发展规模；严格落实大气污染物达标排放、总量控制、环保设施“三同时”、在线监测、排污许可等环保制度；严格控制区域内火电、石化、化工、冶金、钢铁、建材等高耗能行业产能规模；持续降低工业园区单位GDP能耗及煤耗、大气污染物排放总量。

3. 弱扩散区及布局敏感区

禁止新建化工园区，禁止建设冶金、钢铁、建材等行业大气污染物排放量大的项目；禁止新建涉及有毒有害气体排放的化工项目；新（改、扩）建其他项目实行区域大气污染物1.2倍量削减，即按照建设项目新增污染物排放量的1.2倍及以上实行区域污染物总量削减替代。

4. 环境空气质量超标区

除执行以上管控要求外，还应对超标因子实行特别管控，包括禁止新增该类废气污染物；新（改、扩）建项目实行超标污染物1.5倍量削减，即按照建设项目新增污染物排放量的1.5倍及以上实行超标区域污染物总量削减替代；大气污染物排放量大的工业企业采取清洁能源改造、高耗能装备产能淘汰、限产、关停或搬迁至大气环境质量绿线区等措施削减超标的大气污染物排放量。

第三节　大气环境承载力调控

结合SO_2、NO_x、PM_{10}、$PM_{2.5}$四项指标环境空气承载力分析（见附表14），中心城区环境空气总量总体超载，主要超载因子为颗粒物（PM_{10}、$PM_{2.5}$），除点军区外，各地区环境容量存在超载情况，西陵区SO_2、PM_{10}、$PM_{2.5}$分别超载2.3倍、12.3倍、20.3倍；伍家岗区NO_x、SO_2、$PM_{2.5}$分别超载0.2倍、1.2倍、0.5倍；猇亭区NO_x、SO_2、PM_{10}、$PM_{2.5}$分别超载2.6倍、1.7倍、5.2倍、8.4倍；宜昌高新区PM_{10}、$PM_{2.5}$分别超载0.5倍、1.4倍。

基于不同行政区环境空气承载力的差别及现状承载情况，重点强化西陵区、伍家岗区和猇亭区等严重超载、开发潜力较小区域的大气环境质量承载力调控，优化区域内产业城镇发展结构与布局，特别是能源结构和效率，实现能源清洁化。

全面推进达标排放与污染减排。以污染源达标排放为底线，持续推进工业污染源全面达标排放，将烟气在线监测数据作为执法依据，加大超标处罚和联合惩戒力度，未达标排放的企业一律依法停产整治。大气环境超载较重区域二氧化硫、氮氧化物、颗粒物、挥发性有机物（VOCs）优先执行大气污染物特别排放限值。以提高环境质量为核心，以重大减排工程为主要抓手，科学制定总量减排目标，实行“一园区一总量”差别化管理。全面开展“散乱污”综合整治行动。根据产业政策、产业布局规划以及土地、环保、质量、安全、能耗等要求，制定“散乱污”企业及经营设施整治标准。加大对重点行业挥发性有机物综合整治，重点加强生产过程排放有机废气处理。推进各类园区循环化改造、规范发展和提质增效。

严格控制建成区机动车船废气排放和扬尘污染。大力推进国Ⅲ及以下排放标准营运柴油货车提前淘汰更新，持续提高机动车燃油执行标准，加快淘汰采用稀薄燃烧技术和“油改气”的老旧燃气车辆。加大新能源汽车配套充电桩规划建设及补贴力度，实现中心城区充电桩全覆盖，全面推广清洁能源汽车。限制高排放船舶驶入中心城区航道，逐步淘汰宜昌籍老旧运输船舶，依法强制报废达到报废年限的运输船舶。2019年1月1日起，全面供应符合国Ⅵ标准的车用汽柴油，停止销售低于国Ⅵ标准的汽柴油，实现车用柴油、普通柴油、部分船舶用油“三油并轨”，取消普通柴油标准。

将施工工地扬尘污染防治纳入文明施工管理范畴，建立扬尘控制责任制度，扬尘治理费用列入工程造价。力争大气环境严重超载区域内的建筑施工工地要做到工地周边围挡、物料堆放覆盖、土方开挖湿法作业、路面硬化、出入车辆清洗、渣土车辆密闭运输“六个百分之百”，安装在线监测和视频监控设备，并与当地有关主管部门联网。将扬尘管理工作不到位的不良信息纳入建筑市场信用管理体系，情节严重的，列入建筑市场主体“黑名单”。加强道路扬尘综合整治。大力推进道路清扫保洁机械化作业，不断提高道路机械化清扫率。严格渣土运输车辆规范化管理，渣土运输车必须全密闭。

全面禁止秸秆露天焚烧，实施秸秆肥料化、能源化、饲料化、工业化、基料化利用。落实秸秆综合利用补贴政策。2020年，基本建立比较完善的秸秆收集、储运、加工和利用体系，形成布局合理、多元利用的产业化格局。

第七章　资源利用上线

第一节　能源利用上线

能源利用上线管控指标共四项，分别为能源利用总量、燃煤消费总量、单位地区生产总值能耗、燃煤消费量占能源消费总量的比重。到 2025 年，中心城区能源利用总量控制在 1 002 万 t 标准煤/a 以内，燃煤消费总量控制在 183.1 万 t 标准煤/a 以内，单位地区生产总值能耗控制在 0.6 t 标准煤/万元以下；到 2030 年，中心城区能源利用总量控制在 1 250 万 t 标准煤/a 以内，燃煤消费总量控制在 180.6 万 t 标准煤/a 以内，单位地区生产总值能耗控制在 0.55 t 标准煤/万元以下。各区能源利用上线控制指标及现状值、近期及中远期规划目标值（见表 7-1）。

表 7-1　中心城区能源利用上线规划指标一览表

点军区

指标	2017 年	2020 年	2025 年	2030 年
能源利用总量/（万 t 标准煤/a）	76.93	≤38.36	≤46.4	≤55
燃煤消费总量/（万 t 标准煤/a）	0	0	0	0
单位地区生产总值能耗/（t 标准煤/万元）	1.488	≤0.62	≤0.55	≤0.5
燃煤消费量占能源消费总量的比重/%	0	0	0	0

西陵区

指标	2017 年	2020 年	2025 年	2030 年
能源利用总量/（万 t 标准煤/a）	237.86	≤260.95	≤314.29	≤373.86
燃煤消费总量/（万 t 标准煤/a）	0	0	0	0
单位地区生产总值能耗/（t 标准煤/万元）	0.67	≤0.6	≤0.54	≤0.48
燃煤消费量占能源消费总量的比重/%	0	0	0	0

伍家岗区

指标	2017 年	2020 年	2025 年	2030 年
能源利用总量/（万 t 标准煤/a）	160.12	≤180	≤225.5	≤288
燃煤消费总量/（万 t 标准煤/a）	0.001	0	0	0
单位地区生产总值能耗/（t 标准煤/万元）	0.67	≤0.6	≤0.55	≤0.5
燃煤消费量占能源消费总量的比重/%	0.02	0	0	0

猇亭区

指标	2017 年	2020 年	2025 年	2030 年
能源利用总量/（万 t 标准煤/a）	252.81	≤209.93	≤235.54	≤302.88
燃煤消费总量/（万 t 标准煤/a）	233.69	≤173.20	≤155.45	≤145.38
单位地区生产总值能耗/（t 标准煤/万元）	1.11	≤0.75	≤0.6	≤0.55
燃煤消费量占能源消费总量的比重/%	92.4	≤82.5	≤66	≤48.0

宜昌高新区

指标	2017 年	2020 年	2025 年	2030 年
能源利用总量/（万 t 标准煤/a）	133.7	≤140.39	≤180.48	≤230.17
燃煤消费总量/（万 t 标准煤/a）	1.1087	≤21.43	≤27.61	≤35.22
单位地区生产总值能耗/（t 标准煤/万元）	0.7	≤0.6	≤0.55	≤0.5
燃煤消费量占能源消费总量的比重/%	0.83	≤15.3	≤15.3	≤15.3

注：宜昌高新区白洋园区近期（2020 年）规划建设集中供热中心，按 2 台 130 t/h 燃煤锅炉燃煤量核算，中远期燃煤消费量占能源消费总量的百分比原则上不增加。

第二节　水资源利用上线

水资源利用上线管控指标共四项，分别为：用水总量、万元 GDP 用水量、万元工业增加值用水量、农田灌溉有效利用系数。各区水资源利用上线控制指标及现状值、近期及中远期目标值（见表 7-2）。

表 7-2　中心城区水资源利用上线规划指标一览表

一、各区年用水总量上线　　单位：亿 m^3/a

序号	地区	2017 年	2020 年	2025 年	2030 年
1	西陵区	1.137	≤1.464	≤1.483	≤1.502
2	伍家岗区	0.517	≤0.565	≤0.581	≤0.596
3	点军区	0.376	≤0.414	≤0.427	≤0.44

续表

序号	地区	2017 年	2020 年	2025 年	2030 年
4	猇亭区	1.633	≤1.866	≤1.9	≤1.934
	合计	3.663	≤4.309	≤4.391	≤4.472
二、地方万元 GDP 用水量上线					单位：m³/万元
序号	地区	2017 年	2020 年	2025 年	2030 年
1	西陵区	21.9	≤17.6	≤14.1	≤12
2	伍家岗区	19.4	≤15.6	≤12.5	≤10.6
3	点军区	62.4	≤50.2	≤40.2	≤34.1
4	猇亭区	58.3	≤46.9	≤37.5	≤31.9
	平均值	40.50	≤32.58	≤26.1	≤22.2
三、各区万元工业增加值用水量上线					单位：m³/万元
序号	地区	2017 年	2020 年	2025 年	2030 年
1	西陵区	10.1	≤8.1	≤6.5	≤5.5
2	伍家岗区	28.5	≤23	≤18.4	≤15.6
3	点军区	21.7	≤17.4	≤13.9	≤11.8
4	猇亭区	58.1	≤46.7	≤37.4	≤31.8
	平均值	29.6	≤23.8	≤19.1	≤16.2
四、各区农田灌溉水有效利用系数上线					单位：%
序号	地区	2017 年	2020 年	2025 年	2030 年
1	西陵区	—	—	—	—
2	伍家岗区	—	—	—	—
3	点军区	54	≥54.6	≥55.6	≥56.8
4	猇亭区	55.4	≥55.7	≥56.8	≥57.9

严格控制水资源开发利用总量，宜昌市中心城区用水总量 2020 年控制在 4.309 亿 m³/a 以内，2025 年控制在 4.391 亿 m³/a 以内，2030 年控制在 4.472 亿 m³/a 以内。

优化产业结构和布局。在产业布局和城镇发展中充分考虑水资源条件，调整经济结构，严控高污染、高耗水项目建设。推进产业布局向沿江中下游猇亭区、宜昌高新区白洋工业园区等地集中，工业项目在工业园区及开发区集中，生产要素向优势产业集中。

加强工业节水，不断提高用水能效。通过节水技术改造，加大废水深度处理回用力度，减少污水排放，提高工业用水重复利用率，降低经济社会发展对水资源的过度消耗和对水环境与生态的破坏。万元 GDP 用水量 2020 年不超过 32.58 m³/万元，2025 年不超过 26.1 m³/万元，2030 年不超过 22.2 m³/万元；万元工业增加值用水量 2020 年不超过 23.8 m³/万元，2025 年不超过 19.1 m³/万元，2030 年不超过 16.2 m³/万元。

提高农业用水效率。重点推进大中型灌区续建配套与节水改造，加快小型农田水利设施建设步伐，发展高效节水灌溉，提高农业灌溉用水效率。到 2020 年，点军区农田灌溉有效利用系数不低于 54.6%，猇亭区不低于 55.7%；到 2025 年，点军区不低于 55.6%，猇亭区不低于 26.8%；到 2030 年，点军区不低于 56.8%，猇亭区不低于 57.9%。

强化生活和服务业用水管理。推广节水设施和器具，提高生活用水效率，确定城镇人均生活用水定额，2020 年、2030 年城镇居民生活用水量分别不高于 175 L/（人·d）和 150 L/（人·d）。

第三节　土地资源利用上线

按照构建区域生态安全屏障、限制生态脆弱地区开发、维护城市环境舒适宜居的基本要求，对区域土地开发进行适宜性评价，扣除维护城市安全的洪水安全、饮用水安全、地质安全、生态安全、人文安全等城市安全用地，西陵、伍家岗、点军和猇亭四个区适宜利用的建设用地总量为 270.8 km^2，占四个区行政区国土面积的 33.2%。

在适宜建设用地范围内，基于城乡公共服务设施和道路网建立服务中心网络评价模型，识别地形条件较好、交通便捷的经济性建设用地总量为 267.2 km^2，占四个区国土总面积的 32.8%。中心城区应严格控制建设用地总规模，大力提高土地利用绩效水平，保护好生态、人文等城市安全用地，严格控制土地开发强度。到 2020 年，西陵、伍家岗、点军和猇亭四个区建设用地总规模不宜超过 178 km^2，承载人口规模上限不宜超过 178 万人；到 2025 年，西陵、伍家岗、点军和猇亭四个区建设用地总规模不宜超过 200 km^2，承载人口规模上限不宜超过 200 万人；到 2030 年，西陵、伍家岗、点军和猇亭四个区建设用地总规模不宜超过 220 km^2，承载人口规模上限不宜超过 220 万人。严格保护耕地、林地和自然水体，调整土地利用结构，坚持土地资源节约利用、集约高效开发。

第八章　环境风险源管控

第一节　重点环境风险源清单

以化工、医药、火电、冶金等重污染企业、渣场及尾矿库、污水处理厂、垃圾填埋场、油库及油气供应企业、露天矿山、危险废物治理企业等为重点，开展中心城区环境风险源排查，共筛查重点环境风险源58个（清单见附表15），包括：化工医药企业24家、造纸企业2家、火电企业3家、冶金企业1家、涉重金属企业2家、油库及油气供应企业5家、危险废物治理企业3家、露天矿山5家、渣场及尾矿库3座、垃圾填埋场3座、污水处理厂7座。

在本规划实施期间，新增以上类型的环境风险重点企业自行纳入环境风险源清单管理。

第二节　环境风险管控对策

一、构建环境风险全过程管理体系

坚持预防为主、防治结合，按照“事前风险防控—事中应急响应—事后损害赔偿与恢复”的要求，做好突发环境事件的风险控制、应急准备、应急处置和事后恢复等工作，建立健全突发环境事件风险监控、预警、应急、处置、恢复全过程防控体系。

二、严控环境风险易发区域

中心城区应重点防控东部化工园区及长江干流船舶运输环境风险等，以生态功能控制区、水及大气环境质量红线区为保护对象，全面开展环境风险源排查，督促企业落实风险防范主体责任，落实安全防护距离及环境防护距离的相关要求，加强风险防范设施建设和管理，建立健全工业园区、长江干流船舶运输环境风险管控体系。

三、对重点环境风险源实行分类管控

对中心城区重点环境风险源，结合其行业类型、环境影响因素、潜在风险影响程度等分类制定环境风险管控对策。

1. 化工医药企业

重点防范废水及废气事故性排放、废气无组织排放、化学品泄漏及火灾等环境风险；对环境风险大、布局不合理的企业限期予以关停或搬迁；抓好环境风险预防，制定化工企业突发环境事件应急预案，建立健全环境风险应急管理制度体系，建设完备的环境风险应急设施及污染物排放在线监测系统，定期开展应急演练。

2. 造纸企业

重点防范废水事故性排放及火灾等环境风险；加强对废水收集及应急处置设施的运维管理；抓好环境风险预防，制定造纸企业突发环境事件应急预案，建立健全环境风险应急管理制度体系，建设完备的环境风险应急设施及污染物排放在线监测系统，定期开展应急演练。

3. 火电企业

重点防范烟气事故性排放，制定并落实火电企业突发环境事件应急预案，建立重污染天气下限产减排机制，健全企业环境风险应急管理制度体系，配备事故状态下废气治理备用系统，完善大气污染物排放在线监测，强化燃煤烟气除尘脱硫脱硝系统实时在线调控，实现稳定达标排放，定期开展环境风险应急演练。

4. 冶金企业

重点防范废气无组织排放及事故性排放，制定并严格落实企业突发环境事件应急预案，并定期演练；实施污染工段工艺技术改造，全面提升环保设施治理能力，对生产废气实行全收集、全治理，重点加强对恶臭污染物的收集治理，实现稳定达标排放。

5. 涉重金属企业

重点防范重金属废水、酸雾、碱雾、挥发性有机物泄漏及事故性排放；制定并严格落实企业突发环境事件应急预案，并定期演练；加强重金属废水、酸雾、碱雾、挥发性有机物、危险废物的收集治理，配备事故应急池，做好风险区域地坪防渗防腐蚀处理，按照重金属行业污染控制标准及技术规范对重金属废水、废气污染物、危险废物全收集、全治理，达标排放，并符合总量控制的要求。

6. 油库及油气供应企业

重点防范油品及燃气泄漏、火灾等事故环境风险；对布局不合理的企业限期予以关停或搬迁，制定并落实企业突发环境事件应急预案，配备环境风险应急设施，并定期演练；全面实施挥发性有机物回收治理，严格落实安全、环保相关规定，杜绝油品及燃气泄漏、火灾事故发生。

7. 危险废物治理企业

重点防范危险废物泄漏、火灾、废气及废水事故性排放等环境风险；制定并落实企业突发环境事件应急预案，配备环境风险应急设施，并定期演练；贯彻落实危险废物污染控制标准及贮存、处置相关安全环保技术规范及相关规定，贯彻污染物在线监测及地下水监测制度，杜绝事故发生。

8. 露天矿山

重点防范粉尘污染、水土流失、地质灾害、炸药库爆炸等环境风险；制定并落实矿山突发环境事件应急预案，并定期演练；建立重污染天气限产或停产机制，全面落实环评及环保设施“三同时”验收制度，提高矿山开采清洁化、绿色化水平，规范化建设堆场、工业场地及排水收集、处理、回用系统，对裸露场地、边坡、采空区及时覆盖，并开展生态复垦。

9. 渣场及尾矿库

重点防范渣场渗滤液泄漏、废水事故性排放及溃坝、漫坝等环境风险；制定并落实渣场及尾矿库突发环境事件应急预案，并定期演练；落实渣场、尾矿库固体废物台账管理制度，禁止其他固体废物随意入库，强化库区环境管理及风险隐患排查，对存在的问题及时整改；建立健全场区渗滤液及排水收集、治理、回用体系，强化渣场防渗体系建设及地下水监测，及时开展生态复垦，大力实施磷石膏及尾矿资源化综合利用。

10. 垃圾填埋场

重点防范火灾、渗滤液泄漏、恶臭气体事故性排放、地下水及土壤污染等环境风险；

制定并落实垃圾填埋场突发环境事件应急预案，并定期演练；强化垃圾准入管理，禁止填埋危险废物等不符合填埋要求的固体废物，严格落实固体废物台账管理制度，贯彻落实垃圾填埋场污染控制标准及环保技术规范相关要求，强化填埋场环境管理及风险隐患排查，对存在的问题及时整改；建立健全填埋场渗滤液及排水收集、治理系统，健全填埋区废气收集治理系统，强化填埋区及废水收集治理设施防渗防腐蚀体系建设及地下水监测，填埋完成区域全覆盖，封场后及时开展生态复垦。

11. 污水处理厂

重点防范废水事故性排放、恶臭无组织排放的环境风险；制定并落实污水处理厂突发环境事件应急预案，并定期演练；严格落实城镇污水处理厂污染控制标准及环保技术规范相关要求，健全各工段水质在线监测及地下水监测体系，加强对进水水质、水量及运行工况的优化调控；对产生恶臭的构筑物进行封闭，并配备除臭装置，开展污泥资源化处置；强化污水处理设施日常运维和风险隐患排查，对存在的问题及时整改；全面落实重点风险区域基础防渗处理，避免污水泄漏对地下水及土壤造成污染。

四、强化企事业单位的主体责任

企事业单位应当按照相关法律法规和标准规范的要求，履行下列义务：

（1）开展突发环境事件风险评估；

（2）完善突发环境事件风险防控措施；

（3）排查治理环境安全隐患；

（4）制定突发环境事件应急预案并备案、演练；

（5）加强环境应急能力保障建设。发生或者可能发生突发环境事件时，企事业单位应当依法进行处理，并对所造成的损害承担责任。企事业单位应当按照国务院生态环境主管部门的规定，在开展突发环境事件风险评估和应急资源调查的基础上制定突发环境事件应急预案，并按照分类分级管理的原则，报县级以上生态环境主管部门备案。

五、强化突发环境事件应急预案管理和演练

完善行业主管部门及企业突发环境事件应急预案编制和实施，充分发挥突发环境事件应急预案的核心作用。结合环境风险应急管理的要求，突发环境事件应急预案编制单位应组织开展预案的评估、备案、演练和修订，不断增强其针对性和实用性。

六、妥善处置突发环境事件

始终将应对突发环境事件工作摆在环境应急管理的首要位置，做到“有急必应”。在县级以上地方人民政府的统一领导下，建立分类管理、分级负责、属地管理为主的应急管理体制。坚持“统一领导、分级负责，属地为主、协调联动，快速反应、科学处置，资源共享、保障有力”的工作原则，突发环境事件发生后，地方人民政府和有关部门立即自动按照职责分工和相关预案开展应急处置工作。

七、加强环境风险应急能力建设

结合环境公共服务建设水平提升，大力推进环境应急公共设施及管理队伍建设，不断提升环境风险应急监管、应急保障和应急应对能力。

第九章　城乡环境规划指引

第一节　城乡环境规划指引重点区域

以中心城区环境功能定位、环境战略分区及环境管控要求为基础，结合环境要素及当前突出的生态环境问题，识别中心城区经济社会发展与生态环境保护之间的主要矛盾，确定城乡环境指引的重点区域，包括：生态安全屏障区、人居环境重点维护区、工业污染重点防控区、生态环境重点治理区（见表9-1）。

表9-1　宜昌市中心城区环境规划指引重点区域

序号	重点区域	范围	面积/km^2
1	生态安全屏障区	西部生态安全屏障区、长江干流（中华鲟自然保护区及葛洲坝库区）、生态保护红线区	389.96
2	人居环境重点维护区	西陵区、伍家岗区建成区、点军区点军街道、猇亭区古老背街道人口集中区、宜昌生物产业园及白洋工业园白洋新城人口集中区	171.03
3	工业污染重点防控区	白洋工业园、电子信息工业园、宜昌生物产业园及伍家岗工业园、猇亭工业园区、三峡临空经济区（猇亭部分）等产业集聚区	241.90
4	生态环境重点治理区	黑臭水体分布的区域（运河、沙河、牌坊河、柏临河、黄柏河、紫阳河、卷桥河、联棚河等）、农业生产区	150.96

结合重点区域自然生态特征、产业发展状况、环境功能定位、主要环境问题、生态环境空间管控对策等制定区域环境保护与治理的重点任务，明确区域环境规划指引方向。

第二节　生态安全屏障区环境规划指引

生态安全屏障区主要包括：点军区土城乡、桥边镇北部、联棚乡南部、艾家镇西南部山地丘陵地区、长江葛洲坝库区及两岸、长江湖北宜昌中华鲟自然保护区、伍家岗区与猇亭区交界处等，总面积约 389.96 km²，约占中心城区国土面积的 38.6%。该区域涵盖了中心城区生态保护红线区、生态功能控制区大部分区域以及大气及水环境质量红线区部分区域，承担了中心城区水源涵养、水土保持、生物多样性维护以及长江中下游水环境调节等重要生态功能，是中心城区最重要的生态安全屏障。该区应重点管控：生态功能控制区及生态保护红线区保护面积、土地开发面积、矿产资源开发活动、农业面源污染、航运污染等。

一、加大自然生态系统保护与修复力度

重点维护好长江三峡风景名胜区、长江三峡国家地质公园西陵峡园区、长江湖北宜昌中华鲟自然保护区、文佛山省级自然保护小区、西陵白鹭自然保护小区、长江葛洲坝库区、楠木溪水库、善溪冲水库、王家坝水库等集中式饮用水水源保护区、重要的生态公益林等区域自然生态功能，严格控制土地开发面积，尽量减少人为活动对自然生态空间的不利影响。

加强天然林保护和林业有害生物防控，着力提升森林质量，严格保护林地资源，分级分类进行林地用途管制。加强生态林业建设，推进林业碳汇增长，提升林地质量，大力培育混交林，推进退化林修复。加强湿地生态系统的保护，全面开展土壤侵蚀极敏感区、现有矿山、历史遗留矿山、废弃工矿地等生态退化区域、生态脆弱区域生态治理与修复；开展水土保持和 25° 以上坡耕地退耕还林还草。

深入开展葛洲坝库区消落带治理及库区清漂，增强库区水体自净能力。加强区域水源涵养能力建设，开展河流湖库滨岸带保护和修复，加强对沿江沿河生态环境敏感区域岸线不合理开发建设活动清理整治，实施长江两岸造林绿化和生态修复，逐步提高生态系统修复能力，全面促进山水林田湖草的休养生息，提升河流湖库水环境质量及区域生态环境功能。

二、大力推进生态村镇建设

在农业生产区域大力推进生态循环农业，加强农业面源污染防治，开展农田径流污染防治，积极引导和鼓励农民使用测土配方施肥、生物防治和精准施肥等农业技术，采取灌排分离等措施控制农田氮磷流失，推广使用生物防治技术或高效、低毒、低残留农药；严格控制畜禽养殖、水产养殖规模及餐饮服务业污染，妥善处理处置养殖业污染物、生活垃圾及农业固体废物；推广使用清洁的能源，禁止农作物秸秆、农业废物、农村生活垃圾

等露天焚烧，维护好环境空气质量；因地制宜建设农业生产区、居民区、旅游区污水收集处理及回用等环保基础设施，严格管理渔家乐、水上采摘、垂钓等活动，杜绝环境污染；对风景区内不合法旅游服务设施进行整治，将违法建设区域恢复为自然生态；加强旅游服务业环境卫生基础设施建设，健全村庄及旅游区生活垃圾收集、贮运与处置体系，保持清洁卫生的镇容村貌。

推行国家及省级生态乡镇、生态村创建全覆盖，加强新农村绿色家园和农田林网建设，大力实施退耕还林还草及退牧还草，实施农田水土保持工程，以生态建设项目为支撑，开展山水林田湖草生态修复与建设，构建安全稳固的自然生态安全屏障。

三、严防长江干流等通航区航运污染

加强港口、码头环卫设施、污水处理设施建设规划与城市基础设施建设规划的衔接，健全船舶污染物接收处置机制，禁止向水体排放港口码头及船舶废水和抛洒船舶垃圾、建筑垃圾、砂石等固体废物；对中心城区非法码头、砂石码头和堆场集中开展专项整治，加强港口作业扬尘监管，开展干散货码头粉尘专项治理，全面推进堆场防风抑尘设施建设和设备配备，推进原油、成品油、码头油气回收治理；依法强制报废超过使用年限和环保不达标的船舶，加快淘汰老旧落后船舶，推进节能环保船舶建造和船上污染物储存、处理和设备改造；推行岸电工程全覆盖，大力实施“气化长江”绿色航运创新工程。

加强水上危险品及化学物质运输安全监管及风险防范，开展通航河道出入境水上风险隐患排查，建立健全防治船舶及其有关活动污染水环境的应急预案体系，加强水上污染事故应急能力建设，严防码头及船舶油品、化学品泄漏环境污染风险。

四、严格管理资源开采活动

严格控制石灰岩矿、页岩气、河道砂石等矿产资源开采活动及林地采伐面积，对矿山开采数量实行总量控制，对不符合国家产业政策、严重破坏生态环境的矿山予以关停。加强现有矿山生态环境治理与恢复，全面实施矿山地质环境治理及生态恢复，强化历史遗留矿山地质环境恢复和综合治理，开展矿山土地整治与复垦、“三废”综合处理与利用，大力推动共伴生资源综合利用，健全矿山生态环境保护管理监控体系与网络。禁止非法无序河道采砂，对历史遗留采砂区和受损河流湖库滨岸带实施环境治理和生态修复。大力推进绿色矿山建设，严格控制矿山排水及粉尘污染，深入开展水土保持，提高矿山土地复垦率。

五、合理引导产业发展

严格落实中心城区生态功能控制线、水及大气环境质量红线管控制度，合理确定区域产业发展方向。

该区适宜发展的产业包括：生态林业、生态循环农业、绿色旅游及康养产业、生态环境治理与修复、原住居民生产生活设施生态化改造等有利于改善环境质量及提升生态功能的产业。

该区不适宜发展的产业包括：大规模城镇化建设、房地产开发、工业建设、矿产资源开发、引水式电站、风电、大规模农业开发、规模化畜禽养殖、高强度基础设施建设等对生态环境破坏较大、污染较重的产业。

第三节 人居环境重点维护区环境规划指引

人居环境重点维护区主要包括：西陵区以及伍家岗区建成区、猇亭区古老背街道人口集中区、点军区点军街道中南部、宜昌高新区东山园区、宜昌生物产业园职教园等人口密集区以及白洋工业园白洋新城等，总面积约 171.03 km^2，约占中心城区国土面积的16.9%。该区域涵盖了中心城区大气环境质量红线区、水环境质量黄线区及生态功能绿线区部分区域，是中心城区人口密集区，社会经济活动以居住、文教、办公、商业、服务业和低污染、无污染的绿色工业为主，对区域地表水和环境空气质量以及城市自然生态景观有很高的要求。该区应重点控制：居民生活、服务业、工业污染物排放；城市能源结构及消费总量；社会服务业、交通运输及建筑施工噪声污染；环保基础设施建设水平及处理能力；城镇扩展边界、建设用地总规模、土地开发强度等。

一、全面加强污水管网及处理设施建设

全面加强城镇污水处理及配套管网建设，加大雨污分流、清污分流污水管网改造，优先推进“城中村”、老旧城区和城乡接合部污水截流、收集、纳管，城市建成区实现污水全收集、全处理。加大城镇污水管网收集能力，城市新区建设应严格落实雨污分流，预先铺设污水管网并接入城镇污水处理厂；加大西陵区夜明珠街道、葛洲坝街道、窑湾街道，伍家岗区大公桥街道、万寿桥街道，猇亭区古老背街道等老旧城区排水管网雨污分流改

造力度，全面加强城郊接合部污水收集管网等基础设施建设。提升污水干管收集能力，对沿江大道等城市干道污水主干管实施双管路设计建设，提高污水干管收集能力及安全稳定性，降低污水溢流及渗漏风险；控制城市初期雨水污染，排入自然水体的雨水须经过岸线净化；加快建设和改造河流沿岸截流干管，防治污水渗漏和雨污合流管网污水溢流造成的环境污染。提升污水再生利用和污泥处置水平，大力推进污泥稳定化、无害化和资源化处理处置。

以提高污水接管量和化学需氧量、氨氮、总磷、总氮去除率为目标，大力实施污水处理厂提标升级及扩容改造。加强城市节水及中水回用，以临江溪污水处理厂等城市生活污水处理厂为重点，逐步推广城镇污水处理厂尾水深度处理，建立和完善城镇中水回用系统，同步实现节水降耗与污染减排。工业生产、城市绿化、道路清扫、车辆冲洗、建筑施工以及生态景观等用水，要优先使用再生水。单体建筑面积超过20 000 m^2的新建公共建筑应建设安装中水设施。

二、全面防控民用生活源、移动源、建筑施工及工业源废气污染

深化环境空气污染综合防治，严格落实大气环境质量红线区管控要求，重点加强细颗粒物（$PM_{2.5}$）及挥发性有机物污染控制，重点管控建筑施工扬尘、机动车船排气、饮食业及居民生活油烟、加油站油气等污染。加大居住区、商贸区餐饮油烟、露天烧烤及老旧城区、棚户区蜂窝煤使用的治理力度，推广使用天然气、电、太阳能等清洁能源，餐饮经营单位选址及环保设施建设必须符合环保技术规范要求，履行环评及验收手续；加强对拆迁工程扬尘及噪声污染治理，开展文明施工；禁止露天焚烧树叶、生活垃圾等固体废物。

严格控制移动源、扬尘、民用生活源及其他废气污染物的排放。加强移动源污染的监管，持续推进机动车污染治理，重点整治柴油货车、高排放非道路移动机械；持续推进机动车船和油品标准升级，加强油品、燃气等能源产品质量监管；大力推广新能源汽车及电动公交车，发展轨道交通，建设绿色交通体系。严格控制燃煤消耗，实施清洁能源替代，改善能源结构，提高能源利用效率，降低能耗水平。全面防控挥发性有机物污染，实现二氧化硫、二氧化氮、一氧化碳浓度全部达标，细颗粒物、可吸入颗粒物、臭氧浓度明显下降，环境空气质量持续改善。

优化调整城市功能分区及产业布局，全面整治“散乱污”企业，对环境污染重、群众投诉意见大的餐饮、印刷、汽车维修、洗车、洗浴、高噪声加工等服务业单位予以关停取缔；对不符合国家产业政策、严重污染环境空气和地表水环境的工业企业予以关停或者

环保搬迁、退城进园。

三、综合防控噪声污染

强化人口集中区噪声源的管控，开展噪声污染专项整治，加大基础设施及建筑工地施工噪声治理及监管力度，综合治理工业企业噪声、交通噪声、商业噪声、社会生活噪声及施工噪声，确保城市声环境质量达标，提高区域声环境质量。将乡村环境噪声污染防治纳入日常环境管理工作。严格控制城镇建设过程中噪声污染，防治噪声污染从城市向乡村的转移。

强化噪声源监督管理，对超标噪声污染源实施限期治理。积极解决噪声扰民问题，加强噪声污染信访投诉处置，畅通环保“12369”、公安“110”、城建“12319”举报热线的噪声污染投诉渠道，探索建立多部门噪声污染投诉信息共享机制。建立噪声扰民应急机制，防止噪声污染引发群体事件。

四、加强城郊接合部城市规划与基础设施建设

重点加强窑湾街道（如黑虎山村、石板村、大树湾村）、夜明珠街道、沙河片区、伍家乡、点军街道紫阳片区、东苑街道、北苑街道、猇亭区高家村、高湖村等城郊接合部片区城市规划，统筹建设市政道路、给排水管网、电力设施、燃气管网、垃圾收运设施、建筑垃圾贮存场所等基础设施，实现自来水供应、污水收集、天然气供应、垃圾收运、建筑垃圾清运全覆盖；有序开展土地征迁，妥善安置群众生活，避免大片土地闲置浪费，加大“城中村”环境基础设施建设与改造，加强城郊接合部环境卫生执法管理，着力解决城郊接合部突出生态环境问题。加强对城郊接合部农业生产的管理，禁止焚烧秸秆、树枝、生活垃圾等固体废物，禁止露天烧烤等严重污染环境空气的经营活动，已接通天然气的区域不再使用燃煤、柴油、木材等高污染燃料。

五、推行生活垃圾分类处置，强化医疗废物监管

全面开展生活垃圾分类工作，科学设立垃圾分类类别，对厨余垃圾单独分类，完善城市餐厨垃圾、建筑垃圾和废旧纺织品等废物的资源化利用和无害化处理系统；完善垃圾分类与再生资源回收投放点，建立分类回收与废旧物资回收相结合的管理和运作模式；整合生活垃圾回收网络与再生资源回收网络，加强对低价值可回收物回收利用企业的政策扶持，促进垃圾分类从粗分到细分的提升，达到生活垃圾减量、再生资源增量的目的。加强对沿江沿河环境卫生巡查，定期对葛洲坝库区漂浮物及河流沿岸垃圾进行全面清理，

维护好优美清洁的沿江生态环境。

全面推广生活垃圾密闭化收运，实现干、湿分类收集转运，加强垃圾渗滤液、焚烧飞灰及填埋场废气的收集处理处置。鼓励区域共建共享垃圾焚烧处理设施，推动水泥回转窑等工业窑炉协同处置生活垃圾，积极发展生物处理技术，合理统筹垃圾填埋处理技术。

推进医疗废物监管及安全处置。扩大医疗废物集中处置设施服务范围，建立区域医疗废物协同与应急处置机制，因地制宜推进城郊、乡镇和偏远地区医疗废物安全处置。实施医疗废物焚烧设施提标改造工程，提高规范化管理水平，严厉打击医疗废物非法买卖。

六、倡导绿色低碳的生活方式

大力开展绿色创建，不断提高人民群众环保意识，引导公众积极践行绿色简约生活和低碳休闲模式。鼓励绿色消费，倡导绿色采购和低碳生活方式，引导绿色饮食，限制一次性餐具生产和使用；发展绿色休闲，推广低碳旅游风尚；倡导绿色居住，实行居民水电气阶梯价格制度；大力推广节水器具、节电灯具、节能家电、绿色家具、绿色建材，不断提高城市绿色建筑材料及绿色能源使用比例。

增强绿色产品有效供给，推行节能低碳产品和有机产品认证、能效标识管理等机制。加快构建绿色供应链产业体系，研究出台政府绿色采购产品目录，倡导绿色包装，积极开展包装减量化、无害化和材料回收利用，逐步淘汰污染重、健康风险大的包装材料。积极推广新能源汽车，配套建设充电桩，公交车及市政车辆优先选用新能源汽车。

加强节水器具推广应用，开展节水型机关、节水学校、节水医院、节水宾馆的创建，实行节水产品市场准入制度，限期淘汰公共建筑中不符合节水标准的水嘴、便器水箱等生活用水器具。对使用超过50年和材质落后的供水管网进行更新改造。

七、大力推进海绵城市建设

以城市新区建设和旧城改造为重点，推进海绵城市建设。城市新区以目标为导向，优先保护生态环境，合理控制开发强度。结合城市规划布局，积极开展城市生态下垫面构建，推进海绵城市建设。老城区以问题为导向，以解决城市内涝、雨水收集利用、黑臭水体治理为突破口，推进区域整体治理，避免大拆大建。综合采取“渗、滞、蓄、净、用、排”等措施，加强海绵型建筑与小区、海绵型道路与广场、海绵型公园和绿地、雨水调蓄与排水防涝设施等建设。城市新区建设及旧城改造应积极开展雨水收集及利用，采用先进的植被配置技术、绿化屋顶构建技术、地面透水铺装技术收集利用雨水资源，收集的雨水经过处理后作为城市中水用于洗车、绿化、道路喷洒、景观等市政用水。新建城区硬化地面，可渗透面积要达到 40%以上。大力推进城市排水防涝设施的达标建设，加快改造和消除城市易涝点。到 2030 年，能够将 70%的降雨就地消纳和利用的土地面积达到城市建成区面积的 40%以上。

八、加强对城市自然水体、山体的保护和生态修复

加强城市自然水体的保护，对黄柏河、沙河、柏临河、运河、卷桥河、联棚河（五龙河）等城市内河开展综合整治，建设生态护岸，恢复水生生物种群，修复并维护好城市自然水体生态环境功能。加强对中心城区自然山体保护和生态修复，彻底消除山体滑坡、碎石崩塌等地质灾害危险，减少人为活动干扰，实施封山育林，开展林地养护，增强山体生态平衡与景观游憩功能。

第四节 工业污染重点防控区环境规划指引

工业污染重点防控区主要包括：宜昌高新区白洋工业园、电子信息工业园、宜昌生物产业园及湖北宜昌伍家岗工业园、猇亭工业园、三峡临空经济区（猇亭部分）等产业集聚区，总面积约 241.9 km^2，约占中心城区国土面积的 24%。该区域涵盖了中心城区大气环境质量黄线区、水环境质量黄线区及生态功能绿线区部分区域，是中心城区的工业、高新技术产业、临空航空产业集中区，主导产业为工业，配套建设居住文教区、商业、服务业、交通运输业等，工业门类主要包括：化工、医药、火电、机械电子、食品、新材料、建材、临空产业等。该区应重点控制：大气及水污染物排放总量、能源结构及消费总量，重点加强工业园区环保基础设施建设，提升工业园区污染综合防治能力、环境风险应急处置能力，资源、能源及废弃物循环利用水平以及园区信息化水平。

一、优化产业布局，调整产业结构，严格控制资源能源消耗

依据资源环境承载力，合理确定工业园区产业规模，优化调整产业结构，自觉推动工业园区绿色循环低碳发展，形成资源节约型和环境友好型的产业结构、增长方式、消费模式。加强工业园区建设项目环境准入管理，禁止引进高污染、高环境风险和不符合园区产业规划的项目。大力发展低耗水、低排放、低污染、低风险、高附加值产业，推进传统产业清洁生产和循环化改造。加强产业转移的引导和调控，防止出现污染转移，避免低水平

重复建设。

加大落后和过剩产能淘汰力度，对长期超标排放、无治理能力的企业，依法予以关闭淘汰；限期淘汰资源利用率低、严重污染环境的工艺和设备，限期整治或者关闭不符合产业政策的污染企业。科学划定岸线功能分区，严格分区管理和用途管制。坚持“以水定发展”，统筹规划长江岸线资源，合理安排沿江工业与港口岸线、过江通道与取水口岸线，有效保护岸线原始风貌。

实施能耗总量和强度“双控”行动，全面推进工业、建筑、交通运输、公共机构等重点领域节能；传统制造业全面实施电机、变压器等能效提升，开展清洁生产、节水治污、循环利用等专项技术改造，实施系统能效提升、锅炉节能减排效益提升、绿色照明、余热回收等重点节能工程。支持企业增强绿色精益制造能力，推动工业园区和企业应用分布式能源。

严格落实能源利用总量、燃煤消费总量及单位地区生产总值能耗上线，加强高耗能行业能耗的管控，强化建筑节能、提高全社会能源使用效率，严控高硫分高灰分煤的销售，大力推进煤炭清洁化利用。大力推进以电代煤、以气代煤和以其他清洁能源代煤。优化能源结构，不断提高清洁能源在能源消耗中的比重，供热供气管网覆盖的地区禁止使用散煤。

加强高耗水行业单位 GDP 水耗的管控，造纸、氮肥等行业实施行业取水量和污染物排放总量协同控制，电力、造纸、石化、食品发酵等高耗水行业达到先进定额标准。

二、大力开展工业企业清洁生产，发展循环经济

大力推进工业企业清洁生产，通过节能减排技术改造，提高资源、能源重复利用率，从源头削减污染物排放量。开展工业园区和企业分布式绿色智能微电网建设。落实企业强制性清洁生产审核，加大自愿性清洁生产审核激励力度。

开展资源循环利用示范基地和生态工业园区建设，以生态工业链为导向，建立磷化工、生物医药、硅产业、建材、机械电子、农产品深加工等主导产业的循环经济产业链，加大火电、造纸、化工等行业节水改造力度，促进资源集约利用、废物交换利用、废水循环利用、能量梯级利用，从源头降低污染物排放总量。着力将中心城区工业园区打造成循环经济领域国家新型工业化产业示范基地，将猇亭区、宜昌高新区打造成国家循环经济示范区。

全面加强“城市矿产”资源回收能力建设，培育一批回收和综合利用骨干企业、再生资源利用产业基地和园区，不断提高工业固体废物综合利用率。健全再生资源回收利

用网络，规范完善废钢铁、报废机动车、废旧轮胎、废旧纺织品与服装、废塑料、废旧动力电池、废电子元器件等综合利用行业管理。促进绿色制造和绿色产品生产供给，加快构建绿色制造体系，从设计、原料、生产、采购、物流、回收等全流程强化产品全生命周期绿色管理。

三、实施化工产业专项整治与转型升级

加大重点行业专项整治力度，重点强化涉磷工业企业污染治理。实施化工产业分类管理，对不符合规划要求，环保风险较大，通过改造仍不能达到环保要求的企业，实施关停退出；对不宜继续在原地发展，环保风险较低，通过改造能够达到环保标准的企业，按照准入条件，通过搬迁进入合规化工园区；对不符合规划要求，环保风险较大，通过改造仍不能达到环保要求，或者企业自主决定转产发展其他产业的企业，实施转产退出化工行业；对已在化工园区内，符合相关规划要求，环保风险较低，通过改造能够达到环保标准的，就地改造达标。

除在建项目外，严禁在长江干流及主要支流岸线 1 km 范围内新建化工项目和重化工园区，不得在沿江 1 km 范围内布局化工和造纸行业项目，超过 1 km 不足 15 km 范围内限制布局重化工和造纸行业项目，严控在长江沿岸地区新建石油化工和煤化工项目。综合利用能耗、环保、质量、安全法律法规和技术标准，依法依规淘汰落后产能和化解过剩产能。积极探索开展用能权有偿使用、排污权交易、产能置换等创新举措。以猇亭区为重点，开展涉磷工业园区及企业的污染集中治理，提升重点磷化工企业废水深度治理水平。

保障搬迁改造项目土地供应，落实各区政府和宜昌高新区管委会生态环境保护的主体责任，督促和引导企业加强腾退土地污染风险管控和治理修复，对长江铝业等关停搬迁企业场地开展土壤污染系统治理，防止发生二次污染和次生突发环境事件。

在调查摸底、评估认定的基础上，按照工作目标要求，统筹制定化工企业“关改搬转”具体实施方案和“一企一策”任务清单，做到工作目标、推进措施、完成时限、督办领导、责任单位、责任人“六落实”。

四、加快推进工业园区环保基础设施建设

全面加强工业园区污水集中处理设施能力及配套管网建设，污水处理设施工艺及规模要超前规划，预留处理能力，满足工业园区及周边区域纳污需要，规划建设电子信息产业园集中式污水处理设施。统筹建设工业园区给排水管网、电力设施、燃气管网、集中供热设施、垃圾收运设施、建筑垃圾消纳场所等基础设施，加快推进宜昌高新区宜昌生物产

业园、白洋工业园、电子信息产业园供水、污水收集与处理、天然气供应、垃圾收运全覆盖；宜昌生物产业园土门片区排水管网实施雨污分流改造；超前谋划建设工业固体废物贮存及处置设施及危险废物处置设施，科学布局建筑垃圾及废弃渣土消纳场，与工业园区建设及行业发展相适应。加强对一般工业固体废物、危险废物、医疗废物、生活垃圾贮存、处置场所的日常监管，排查环境风险隐患，建立健全固体废物产生、贮存、转移、处置全过程的环境管理体系，依法坚决严厉打击各类“污染转移”行为，构建固体废物污染防治长效机制。

五、全面防控工业园区大气污染

持续推进工业污染源全面达标排放，将废气在线监测数据作为执法依据，加大超标处罚和联合惩戒力度，对未达标排放或者重点大气污染物排放量超过总量控制指标的企业依法限制生产、停产整治。完善园区集中供热设施，积极推广集中供热。持续实施能源消耗总量和强度双控行动。实施燃煤消费总量控制，新建燃煤项目实行燃煤减量替代。按照燃煤集中使用、清洁利用的原则，重点削减非电力用燃煤，提高电力用煤比例，继续推进电能替代燃煤和燃油。

深化工业废气污染综合防治，大力开展化工、火电、建材等重点行业脱硫、脱硝改造，开展化工、医药、食品等企业专项整治，依法取缔重污染企业。持续推进工业企业提标改造，重点行业执行国家大气污染物特别排放限值；到2020年，20 t/h及以上在用燃煤锅炉达到超低排放要求。化工、建材、燃煤火电等大气重污染企业实施实行错峰生产，冬防期重污染气象条件下实施限产减排。

加强化工、机电、建材等重点行业无组织排放废气综合整治，督促工业企业落实密闭、围挡、遮盖、清扫、洒水等措施，重点大气污染型企业应全面落实在线监测，确保工业废气污染物稳定达标排放。加快实施化工、医药、包装印刷、建材及家具制造、表面处理及表面涂装、纺织印染等挥发性有机物重点治理工程，逐步实现挥发性有机物综合治理行业全覆盖。

六、推进磷石膏综合利用，加强渣场、尾矿库、垃圾填埋场环境管理

利用磷石膏、水泥资源，开发石膏板、石膏砖、纤维水泥夹心板、矿棉吸声板、建筑砌块等新型绿色建筑材料，设立磷石膏综合利用专项补助资金，加快推进磷石膏综合利用工作，力争到2020年全市磷石膏综合利用率达到65%以上。开展尾矿库、磷石膏渣场专项整治和规范化管理，推广实施尾矿库充填开采等技术，建设一批“无尾矿山”（通过

有效手段实现无尾矿或仅有少量尾矿占地堆存的矿山）。对服务期满的尾矿库、磷石膏渣场实施生态复垦，强化尾矿库及渣场环境风险管理，避免产生二次污染及地质灾害。

开展黄家湾垃圾填埋场封场期生态复垦，加强孙家湾垃圾填埋场、马家湾垃圾填埋场等运营中的垃圾填埋场环境管理及风险防范，对填埋区及时覆盖，做到雨污分流、清污分流，做好场区防渗及地下水监测，妥善处理填埋区排气，强化垃圾准入，采用先进的工艺技术开展垃圾渗滤液处理处置，确保稳定达标排放。

第五节　生态环境重点治理区环境规划指引

生态环境重点治理区主要包括：农业生产区与黑臭水体分布的区域（运河、沙河、牌坊河、柏临河、黄柏河、紫阳河、卷桥河、联棚河等），其中，农业生产区主要分布在：点军区土城乡、艾家镇、联棚乡、桥边镇以及西陵区、伍家岗区和猇亭区交界处的农村地区、城郊接合部（如窑湾街道、虎牙街道、古老背街道、云池街道等）；黑臭水体在五个区内均有分布。生态环境重点治理区面积约 150.96 km^2，约占中心城区国土面积的 15%。该区域是中心城区环境污染较突出、需对生态环境开展重点治理的区域，应重点开展黑臭水体综合治理与生态修复、农业面源污染综合防治等。

一、农业生产区环境治理规划指引

（1）结合全国农业污染源普查，摸清农业污染源结构、总量与分布，科学推进农业面源污染治理，逐步构建基于环境资源承载力的农业绿色发展格局。推广农业循环实用技术，推进农业废弃物的资源化和产业化，大力发展生态循环农业；普及测土配方施肥，推进精准施肥，不断调整化肥使用结构，改进施肥方式，示范有机肥、绿肥、秸秆还田等有机养分替代化肥技术模式，在点军区等主要农业生产区建设化肥农药减量增效市级示范点，推广冬闲田绿肥种植技术措施。持续抓好《农药管理条例》的贯彻实施，强力推行高毒农药禁限用和定点经营制度，推广使用高效、低毒、低残留农药新品种；大力推广生物防治，推广喷灌、滴灌，发展节水农业。积极发展无公害农产品、绿色食品、有机食品、地方标志农产品基地，保障食用农产品安全。坚持推广秸秆还田与保护性耕作技术，实现种地与养地有机结合，不断提高耕地质量。

（2）全面贯彻落实畜禽养殖“三区”划定和禁养区关停搬迁，深入推进畜禽养殖粪便、污水资源化利用，推广室外生物发酵床等污染综合治理技术，提倡适度养殖，构建种养平衡、农牧循环的可持续农业发展新格局。强化规模养殖企业主体意识，充分发挥业务部门的技术指导作用，科学确定“一场一策一方案”技术路线与工艺方案。推行粪污全量收集还田利用、固体粪便堆肥利用、粪水肥料化利用、畜一沼一菜（果、茶、粮）等模式，提高畜禽养殖废弃物的利用效益。农村地区散户养殖规模原则上控制在5头猪（当量，年存栏量）/户以内，限制养殖区、适宜养殖区内环保配套设施健全、可实现种养平衡、污染物零排放的专业养殖户可适当放宽养殖规模限制要求。

（3）巩固中央环保督察成果，取缔江河湖库天然水域网箱围网养殖。加大江河湖库日常巡查力度，严防围栏围网反弹，禁止湖库投肥养殖。推进长江流域水生生物保护区全面禁捕，严厉打击“绝户网”“电毒炸”等破坏水生生物资源的捕捞行为，保护渔业水域生态环境。开展水产养殖环境综合整治，贯彻落实水域滩涂养殖规划，规范水产养殖行为。

（4）在重点流域选择边界清晰的小流域为整体单元，开展农业面源污染监测，探索典型流域农业面源污染综合治理方法，因地制宜制定治理方案，探索新技术、新模式集成创新，引导带动区域农业面源污染治理工作。

（5）加强农村环保基础设施建设，深入推进农村环境综合整治。实行农村生活污水处理设施统一规划、统一建设、统一管理，积极推进城镇污水处理设施和管网向集镇、城郊接合部延伸，完善以上区域生活污水收集管网和污水处理设施；居民分散的农村地区（如点军区土城乡、艾家镇、联棚乡、点军街道的紫阳村和牛扎坪村；伍家岗区南湾村、猇亭区高湖村、福善场村等）因地制宜建设分散式清污分流制污水处理设施，尾水经生态湿地、氧化塘、自然隔离带等系统进一步净化后就地回用；加强农村生活垃圾收集转运体系建设，加强对农业固体废物（如废弃果蔬、废农膜、废弃农业包装物等）的收运和规范化处置，禁止随意倾倒；将农村地区逐步纳入城市生活垃圾收集范围，生活垃圾及农业固体废物及时清理和处置。开展河道、塘、堰、沟渠清淤疏浚，加强农村饮用水水源地保护、生活垃圾收运及处置，实施农村清洁工程，建立环保设施运行长效机制。禁止农作物秸秆、农业废弃包装物、农村生活垃圾等固体废物露天焚烧，实施推进秸秆高值化和产业化利用。实行农村环境综合整治目标责任制，集中整治存在突出环境问题的村庄和集镇，推进农村生产生活方式转变，促进农村环境质量不断改善。

（6）加强秸秆综合利用和氨排放控制。建立网格化监管制度，在夏收和秋收阶段开展秸秆禁烧专项巡查，严防因秸秆露天焚烧造成区域性重污染天气。坚持堵疏结合，加大政策支持力度，全面加强秸秆综合利用。控制农业源氨排放，减少化肥农药使用量，增加有机肥使用量，实现化肥农药使用量负增长；强化畜禽粪污资源化利用，改善养殖场通风环境，提高畜禽粪污综合利用率，减少氨挥发排放。

二、黑臭水体综合整治规划指引

（1）加强建成区地表水体质量识别判定，健全地表水环境台账，完善黑臭水体档案，按照“一水一策”的原则，编制实施超标水体整治方案；对中心城区运河、沙河、云池河、牌坊河、柏临河、黄柏河、紫阳河、卷桥河、联棚河等不达标水体整治方案进行深化、完善，同步开展河道生态修复、岸坡景观规划建设。

（2）全面核查建成区河道两侧排放口位置、排放量，查清排放口类型、污水来源和存在的问题，健全排放口台账。因地制宜采取封堵排放口、改造排水管道、敷设截污管道、设置调蓄设施等措施，对排放口实施系统整治；不定期对保留的雨水排放口水质进行抽查监测，确保污水不混接入雨水排放口。

（3）持续做好河道两岸违法设施、养殖区和种植区的清理，加强河道及两岸垃圾清理、收集、转运监督管理。进一步强化工业企业排污许可管理，工业企业废水符合达标排放标准后方可接入市政污水管网。依法采取限期整改、限产限排、停产整顿、行政处罚等措施，加大对工业企业违法排污、超标超量排放等日常监管与查处工作力度。对工业、建筑、医疗、餐饮、洗车等活动的企事业单位、个体户商户污水排放实行严格的排污许可制度，加强日常监管并加大查处力度，消除雨污混排情况。

（4）重点加强柏临河、五龙河、联棚河、沙河、桥边河、牌坊河、善溪冲等流域畜禽养殖污染治理和动态核查监管，巩固禁养区畜禽养殖场（户）关闭或搬迁治理成果，加强对限养区内畜禽养殖生态治理工作的指导，督促畜禽养殖场完善配套粪污收集、处理和利用设施建设。

（5）开展排水管网专项治理。对城区排水管道及检查井全面实施健康检测和缺陷评估，并对各类缺陷进行维修、改造，减少污水外渗或河水、地下水等倒灌。强化道路保洁作业管理，严禁将生活垃圾、餐厨垃圾、环卫清扫物、机扫残液等向雨、污水管道（管井）中倾倒，加强雨、污水管网运行维护。

（6）持续推进水体内源治理。持续清理城市水体沿岸积存垃圾，做好河岸、水体保洁和水生植物、沿岸植物的季节性收割，及时清除季节性落叶、水面漂浮物，严厉查处向河流湖库倾倒垃圾、排放污水的行为。科学确定河道疏浚范围和疏浚深度，合理选择清淤方式，妥善运输和处置底泥，避免二次污染。

（7）推进河流湖库生态修复和岸坡景观建设。因地制宜选择岸带修复、植被恢复、水体生态净化等生态修复技术，恢复河道生态功能。对“三面光”硬质驳岸的非行洪排涝骨干河道，有计划实施生态化改造。运用海绵城市建设理念，通过建设下沉式绿地、雨水花园、植草沟等，控制初期雨水面源污染，改善地表水体水环境质量。加强河道岸坡绿化和滨水空间的规划、建设和管护，营造良好的城市滨水空间。

（8）推进水系沟通和活水循环。加强城市水系沟通，构建健康的水循环体系，恢复河道生态功能。充分挖掘城市河道补水水源并进行合理调配，加强补给水水质监测。城市建设严禁随意侵占河流湖库岸线和水域。

（9）深入贯彻落实河（湖）长制，健全长效管护机制。中心城区水体河岸垃圾清理、河面清漂、沿岸种植清理、畜禽养殖清理、已投入运行截污管网、污水提升泵站、一体化处理设施等，要按属地原则纳入日常维护管理范围，明确相应维护管理单位和具体管护职责，将专项维护经费纳入年度财政预算，建立相应绩效评价体系并严格实施考核。中心城区水体全部纳入区级河（湖）长管理范畴，实行“一月一巡”制，对河流沿线工业企业排放口、易发生水质下降的河段、已取缔的违规种植区和违禁养殖区以及群众反映较为突出的区域，要加大巡查频次并有针对性地开展专项巡查。鼓励创新水体养护机制，积极推进水体养护市场化。

第十章　规划实施保障制度

一、强化规划地位

本规划经宜昌市环境保护委员会办公室组织的专家评审通过后，报市人民政府批准颁布实施，并报宜昌市人大常委会备案，由各区人民政府及宜昌高新区管委会组织实施。

本规划的解释权属于宜昌市人民政府生态环境行政主管部门。本规划一经批准，任何单位和个人未经法定程序无权变更。

有下列情形之一的，宜昌市人民政府可按照规定的权限和程序修编本规划：（一）宜昌市环境总体规划发生变更，经评估，需修编本规划的；（二）规划编制技术规范发生重大变化确需修编本规划的；（三）规划年限期满，需修编本规划的；（四）宜昌市人大常委会、宜昌市人民政府认为应当修编本规划的其他情形。

二、促进多规合一

宜昌市中心城区环境控制性详细规划与宜昌市环境总体规划、环境功能区划、自然保护区与风景名胜区等各类自然保护地规划、经济社会发展规划、城乡规划、土地利用规划、资源开发与保护规划等规划进行了深入衔接、融合。本规划确定的生态环境空间分区、水及大气环境质量分区为国土空间规划、城乡控制性详细规划划分禁止建设区、限制建设区、有条件建设区和允许建设区以及优化调整城镇及产业布局提供了依据，可作为中心城区控制性详细规划编制的重要基础性文件，实现“二规合一”；本规划确定的资源利用上线为科学编制水资源、能源及土地资源利用规划，提高资源集约高效利用水平提供了依据；本规划制定的环境风险源管控对策为系统防控中心城区重大环境风险提供方向性指引；本规划制定的城乡环境规划指引为乡镇、街道、工业园区、农业生产区以及生态保护重点区域准确把握区域生态环境功能定位，谋划和推进生态环保重点任务，推进基层产业绿色转型和高质量发展提供指导。

在宜昌市环境总体规划信息管理与应用系统平台基础上建设中心城区环境控制性详细规划信息管理子平台，并向市、区两级政府及相关部门开通，实现规划成果、环境空间信息数据资源的开放和共享，为规划及建设项目行政审批提供技术支持，并将规划要求落实到宜昌市中心城区的国土空间用途管制、经济社会发展及行业规划等各个领域，全面促进“多规合一”“多审合一”。

三、健全监管制度

建立健全生态环境空间、水以及大气环境质量分区管控、资源利用上线以及环境风险源管控的日常巡查、现场核查及分析报告等监管制度，重点对资源环境生态红线（即生态功能控制线、水及大气环境质量红线、资源利用上线）内规划、开发建设活动以及资源利用绩效水平进行督查、分析评估。地方各级党委和政府是严守资源环境生态红线的责任主体，应将本规划作为相关综合决策的重要依据，履行好生态环境保护和节约资源的责任。各有关部门应按照职责分工，加强监督管理，做好指导协调、日常巡查和执法监督，共同落实规划要求。各区人民政府及宜昌高新区管委会应建立资源环境生态红线的硬约束机制，全面推进规划的贯彻落实。

四、严格责任追究

对违反本规划相关要求、造成生态环境破坏、资源浪费的部门、地方、单位和有关责任人员，按照有关法律法规和《党政领导干部生态环境损害责任追究办法（试行）》等规定实行责任追究。对规划落实工作不力的，区分情节轻重，予以诫勉、责令公开道歉、组织处理或党纪政纪处分，构成犯罪的依法追究刑事责任。

五、实行信息公开

以宜昌市中心城区环境控制性详细规划信息管理子系统为依托，实现规划成果及环境空间信息数据的查询、分析，为规划和建设项目选址分析提供技术支持，服务于发改、经信、生态环境、自然资源和规划、林业和园林、水利和湖泊、农业农村、住建、城管、应急管理、旅游等相关部门。依托“市民e家”平台开发中心城区生态功能控制线、水及大气环境质量红线用户查询系统，并向市民开通，让资源环境生态红线制度广泛接受社会及群众监督，形成部门、社会共享共治的全民参与格局。

六、实施评估考核

本规划由各区人民政府及宜昌高新区管委会组织实施，规划颁布生效后，宜昌市人民政府每五年对规划执行情况开展一次评估，及时掌握区域生态环境质量状况及动态变化，评估结果作为优化规划布局、考核各级党政领导干部的重要依据，并报宜昌市人大常委会备案。

附　　录

附表 1　宜昌市中心城区规划指标一览表

领域	序号	规划指标	2017 年	2020 年	2025 年	2030 年	指标属性
一、安全稳固的生态格局	1	生态保护红线区面积比例/%[1]	完成划定	保持稳定	保持稳定	保持稳定	约束性
	2	生态功能控制区面积比例/%	44.85	≥44.85	≥44.85	≥44.85	约束性
	3	水环境质量红线区面积比例/%	9.43	≥9.43	≥9.43	≥9.43	约束性
	4	大气环境质量红线区面积比例/%	62.18	≥62.18	≥62.18	≥62.18	约束性
	5	森林覆盖率/%	48.86	保持稳定	保持稳定	保持稳定	预期性
二、集约高效的自然资源利用水平	6	能源利用总量/（万 t 标准煤/a）	860.4	≤829.6	≤1 002	≤1 250	预期性
	7	燃煤消费总量/（万 t 标准煤/a）	234.8	≤194.63	≤183.1	≤180.6	预期性
	8	单位地区生产总值能耗/（t 标准煤/万元）	1.16	≤0.7	≤0.6	≤0.55	约束性
	9	用水总量/（亿 m^3/a）[2]	3.66	≤4.31	≤4.391	≤4.472	约束性
	10	万元 GDP 用水量/（m^3/万元）[3]	40.5	≤32.58	≤26.1	≤22.2	预期性
	11	万元工业增加值用水量/（m^3/万元）[3]	29.6	≤23.8	≤19.1	≤16.2	预期性
	12	农业灌溉水有效利用系数/%	点军：54 猇亭：55.4	点军≥54.6 猇亭≥55.7	点军≥55.6 猇亭≥56.8	点军≥56.8 猇亭≥57.9	约束性

续表

领域	序号	规划指标		2017年	2020年	2025年	2030年	指标属性
二、集约高效的自然资源利用水平	13	建设用地总规模/（km^2）[2]		135.1	≤178	≤200	≤220	预期性
	14	水环境承载率[4]		见附表11	超载指标超载程度下降50%	各区各项指标承载率≤0.9	各区各项指标承载率≤0.85	约束性
	15	环境空气承载率[5]		附表14	超载指标超载程度下降60%	各项指标承载率≤0.95	各项指标承载率≤0.9	约束性
三、优良的水和环境空气质量	16	环境空气	环境空气质量优良天数比例/%	70.7	≥80	≥83	≥88	约束性
			$PM_{2.5}$年均浓度/（$\mu g/m^3$）	58	≤53	≤44	≤35	
			PM_{10}年均浓度/（$\mu g/m^3$）	88	≤70	≤62	≤55	预期性
	17	水环境	乡镇级及以上集中式饮水水水质达标率/%		≥98	100	100	约束性
			地表水环境断面达到水环境功能区划标准的比例/%	58.3	≥90	≥95	100	
			劣V类水体比例/%	6.25	≤5（基本消除）	≤2	0（完全消除）	
	18	生态环境状况指数（EI）[3]		64.45	上升	上升	上升	预期性
四、公平共享的环境公共服务	19	城镇污水集中处理率/%		91（2014年值）	93	98	100	约束性
	20	城镇生活垃圾无害化处理率/%		100	100	100	100	约束性
	21	集中式饮用水水源地在线监测覆盖范围		县级及以上	重点乡镇、街道	乡镇、街道	重点村	预期性
	22	环境空气监测体系覆盖范围		中心城区人口密集区	人口密集区、工业园区	重点乡镇、街道	乡镇、街道	预期性

注：1. 以《湖北省生态保护红线划定方案》发布的数据为依据；
2. 西陵、伍家岗、点军、猇亭四个行政区；
3. 西陵、伍家岗、点军、猇亭四个行政区平均值；
4. 水环境承载率共三项指标：COD、NH_3-N、TP；
5. 环境空气承载率共四项指标：SO_2、NO_x、PM_{10}、$PM_{2.5}$；
6. 县级及以上水质监测断面。

附表 2　宜昌市中心城区环境战略分区表

环境战略分区	环境功能定位	范围	面积/km²	比例/%	环境战略指引
西部及南部自然生态功能保育区	水源涵养、水环境调节、水土保持、生物多样性维护	点军区西部及南部（土城乡、联棚乡、桥边镇、艾家镇、点军街道）、西陵区北部（葛洲坝街道、夜明珠街道）、伍家岗区东南部（灵宝村、前坪村）、猇亭区东部及北部（虎牙街道、福善场村）、长江干流等生态功能重要区	452.61	44.84	按禁止或限制开发区域要求管理，加强自然保护地的保护，增强长江干流及沿江自然生态系统环境功能，促进生态系统良性循环；加强水土流失治理和地质灾害防治；改善农村能源结构，严格控制农业面源污染；增强林地和森林的水源涵养及水土保持功能；加强土壤侵蚀严重区、石漠化区、历史遗留矿山、受污染土壤及水环境的生态修复与保护；适度发展旅游和康养产业，从严控制土地开发面积和强度
东部工业产业聚集区	工业产业绿色高质量发展集聚区、国家循环生态经济示范基地	宜昌高新区宜昌生物产业园、电子信息产业园、白洋工业园，宜昌经济开发区猇亭园区，三峡临空经济区（猇亭部分），湖北伍家岗工业园（含花艳片区、拓展片区）	260.21	25.78	全面实施产业转型升级及绿色发展，建立低碳生态产业链；强化园区环境准入、资源再生利用能力建设、环保产业建设，推进产业生态化水平；改善工业用能结构，大力推行清洁能源；强化资源环境承载力的硬约束，优化产业布局、行业类别及规模；严格控制在源头敏感区、布局脆弱区布局废气排放量大的企业，严控污染物排放总量；完善环保基础设施建设，实施全过程环境监管，强化环境风险应急体系建设；全面落实长江保护工作部署，维护好长江干流生态廊道的自然环境功能
中部人居生活环境维护区	绿色低碳、宜居宜业、宜旅的人居环境维护功能	点军区东部及中南部（联棚乡、桥边镇、艾家镇、点军街道）、西陵区中南部（西陵街道、学院街道、云集街道、窑湾街道、葛洲坝街道、夜明珠街道、西坝街道）、伍家岗区、猇亭区、宜昌高新区东山园区（东苑街道、南苑街道、北苑街道）	296.56	29.38	全面加强生活污染源及农业面源的治理，实现市政及环保基础设施全覆盖，污染型企业逐步退城进园，建设自然、和谐、宜居、美丽的生态城市；加大对机动车船废气、扬尘等大气污染源及治理力度，实施黑臭水体专项整治及污染土壤综合整治，加大对自然生态系统的保护和修复，严格生态功能控制区、水及大气环境质量红线区的管控；严控城市边界拓展，对土地资源实行集约和高效开发，完善城市功能，普及清洁能源，倡导绿色低碳循环的生活方式；优先发展生态农业、综合服务业、绿色旅游业、绿色建筑业，配套发展科技含量高、资源能源消耗低、无污染的绿色生态工业

附表 3 宜昌市中心城区生态功能控制线要素构成表

编号	类型	自然生态要素		保护对象	面积/km^2
Ⅰ	水源涵养生态功能控制线	1	县级及以上集中式饮用水水源保护区	葛洲坝四公司供水公司西坝水厂水源地保护区	（6.00）
				窑湾水厂备用水源地保护区	（2.6）
				楠木溪水库水源保护区	11.12
				善溪冲水库水源保护区	15.19
		2	省级及以上生态公益林	国家级生态公益林	68.04
				省级生态公益林	28.18
		3	经评价确定的水源涵养及土壤保持功能极重要区、土壤侵蚀极敏感区	水源涵养及土壤保持功能重要区	222.32
		4	宜昌市永久性保护绿地、山体水体、森林公园	中心城区范围内永久性保护绿地、山体和水域	31.02
Ⅱ	生物多样性维护生态功能控制线	5	省级自然保护区/自然保护小区	长江湖北宜昌中华鲟自然保护区（中心城区段）	44.45
				西陵白鹭自然保护小区*	0.61（10）
				文佛山自然保护小区	10
				车溪自然保护小区	4.81
				猇亭白鹭自然保护小区	3.33
				猇亭小鹿自然保护小区	2.13
				天湖自然保护小区	5.76
				四陵坡白鹭自然保护小区	10
				西陵峡口猕猴自然保护小区*	1.32（10）
		6	国家级风景名胜区	长江三峡风景名胜区西陵峡景区、车溪景区等	65.41
		7	国家级地质公园	长江三峡（湖北）国家地质公园西陵峡园区（中心城区部分）	21.94
Ⅲ	湖泊湿地洪水调蓄生态功能控制线	8	重要水域及其岸线	长江（中心城区段）	58.8
		9	重要水库	西陵区葛洲坝水利枢纽-水库工程	4.95

注：*括号内数据为批复面积，括号外数据为现有矢量图形测算面积。

附表 4 宜昌市中心城区生态功能控制线内 73 个地块清单

类型	要素类别	编码	地块编号	地块名称	地理位置	是否属于生态保护红线区	面积/km²	管控制度
水源涵养生态功能控制线	县级以上集中式饮用水水源保护区	YC-01-A-01	15	葛洲坝四公司供水公司西坝水厂水源地保护区	西陵区	是	6.00*	水法、水污染防治法、湖北省县级以上集中式饮用水水源保护区划分方案、集中式饮用水水源地规范化建设环境保护技术要求、饮用水水源保护区污染防治管理规定
		YC-00-A-02	16	窑湾水厂备用水源地保护区	宜昌高新区	否	2.60*	
		YC-03-A-03	17	楠木溪水库水源保护区	点军区	部分属于	11.12	
		YC-04-A-04	18	善溪冲水库水源保护区	猇亭区、宜昌高新区白洋工业园	部分属于	15.19	
	国家级生态公益林	YC-01-A-05	19	西陵区国家级生态公益林	西陵区（含旅游新区）	部分属于	13.06	国家级公益林管理办法、湖北省生态公益林管理办法、湖北省天然林保护条例
		YC-02-A-06	20	伍家岗区国家级生态公益林	伍家岗区	部分属于	10.10	
		YC-03-A-07	21	点军区国家级生态公益林	点军区	部分属于	20.53	
		YC-04-A-08	22	猇亭区国家级生态公益林	猇亭区	部分属于	18.94	
	省级生态公益林	YC-01-A-09	23	西陵区省级生态公益林	西陵区	否	2.98	湖北省生态公益林管理办法、湖北省天然林保护条例
		YC-03-A-10	24	点军区省级生态公益林	点军区	部分属于	21.90	
		YC-04-A-11	25	猇亭区省级生态公益林	猇亭区	否	3.37	
	水源涵养及土壤保持功能重要区	YC-03-A-12	26	点军联棚-艾家水源涵养土壤保持功能重要区	点军区	否	45.44	生态功能控制区非法定自然保护地环境准入清单
		YC-03-A-13	27	点军土城-桥边-牛扎坪水源涵养功能重要区	点军区	否	174.42	
		YC-02-A-14	28	伍家岗水源涵养功能重要区	伍家岗区	否	2.45	
	市级及以上森林公园	YC-00-A-15	29	石板公园（原名：石板森林公园）	西陵区	否	1.26	宜昌市城区重点绿地保护条例

续表

类型	要素类别	编码	地块编号	地块名称	地理位置	是否属于生态保护红线区	面积/km^2	管控制度
水源涵养生态功能控制线	宜昌市永久性保护绿地、山体和水域	YC-00-A-16	30	夷陵广场	西陵区	否	0.05	宜昌市城区重点绿地保护条例
		YC-00-A-17	31	滨江公园（上段）	西陵区	否	0.157 1	
		YC-00-A-18	32	儿童公园	西陵区	否	0.129 1	
		YC-00-A-19	33	南湖公园（南湖林园）	西陵区	否	0.016 8	
		YC-00-A-20	34	东山公园	西陵区	否	0.148 3	
		YC-00-A-21	35	三游洞	西陵区	否	0.044 5	
		YC-00-A-22	36	绿萝植物园	西陵区	否	0.039 4	
		YC-00-A-23	37	葛洲坝公园	西陵区	否	0.050 2	
		YC-00-A-24	38	葛洲坝三江防淤堤	西陵区	是	0.248 6	
		YC-00-A-25	39	左坝头广场	西陵区	否	0.013 8	
		YC-00-A-26	40	白龙公园	西陵区	否	0.042 3	
		YC-00-A-27	41	欧阳修公园	西陵区	否	0.011 0	
		YC-00-A-29	43	镇镜山公园	西陵区	否	0.03	
		YC-00-A-50	64	唐家湾山体	西陵区	否	0.607 6	
		YC-00-A-51	65	港城路山体	伍家岗区、西陵区	否	0.911 1	
		YC-00-A-59	73	沙河	西陵区	否	1.097 1	
		YC-00-A-30	44	五一广场	伍家岗区	否	0.039 3	
		YC-00-A-31	45	王家河公园	伍家岗区	否	0.098 5	
		YC-00-A-32	46	宝塔河小游园	伍家岗区	否	0.010 8	
		YC-00-A-33	47	万寿游园	伍家岗区	否	0.006 7	
		YC-00-A-34	48	合益园	伍家岗区	否	0.003 3	
		YC-00-A-35	49	滨江公园（下段）	伍家岗区	否	0.240 7	

续表

类型	要素类别	编码	地块编号	地块名称	地理位置	是否属于生态保护红线区	面积/km²	管控制度
水源涵养生态功能控制线	宜昌市永久性保护绿地、山体和水域	YC-00-A-37	51	城东公园	伍家岗区	否	0.457 8	宜昌市城区重点绿地保护条例
		YC-00-A-38	52	白马山公园	伍家岗区	否	0.218 3	
		YC-00-A-39	53	求雨台公园	伍家岗区	否	0.591 4	
		YC-00-A-40	54	柏临河湿地公园	伍家岗区、夷陵区	否	1.03	
		YC-00-A-41	55	求索广场	伍家岗区	否	0.132	
		YC-00-A-42	56	东辰体育公园	伍家岗区、宜昌高新区	否	0.16	
		YC-00-A-52	66	城乡路山体	伍家岗区	否	1.213 8	
		YC-00-A-53	67	双城路山体	伍家岗区	否	0.249 2	
		YC-00-A-43	57	葛洲坝大江防淤堤	点军区	是	0.071 2	
		YC-00-A-44	58	磨基山公园（原名：磨基山森林公园）	点军区	否	1.175 9	
		YC-00-A-45	59	卷桥河公园（含孝子岩山体部分）	点军区	否	1.144 5	
		YC-00-A-54	68	李家湾山体	点军区	否	0.189 3	
		YC-00-A-55	69	五龙山体	点军区	否	3.144 2	
		YC-00-A-56	70	四方山	点军区	否	2.623 1	
		YC-00-A-58	72	荆门山山体（点军部分）	点军区	否	4.204 8	
		YC-00-A-46	60	猇亭古风乐园	猇亭区	否	0.048 0	

续表

类型	要素类别	编码	地块编号	地块名称	地理位置	是否属于生态保护红线区	面积/km²	管控制度
水源涵养生态功能控制线	宜昌市永久性保护绿地、山体和水域	YC-00-A-47	61	六泉湖公园（原名：六眼冲公园）	猇亭区	否	3.805 0	宜昌市城区重点绿地保护条例
		YC-00-A-48	62	鸡山公园	猇亭区	否	0.114 2	
		YC-00-A-28/A-36	42/50	运河公园（含运河水体及原运河生态公园）	宜昌高新区东山园区、伍家岗区、夷陵区	否	0.374 6	
		YC-00-A-49	63	东山科技展览公园	宜昌高新区东山园区	否	0.138 8	
		YC-00-A-57	71	白洋山体	宜昌高新区白洋工业园	否	4.883 9	
生物多样性维护生态功能控制线	省级自然保护区/省级自然保护小区	YC-00-B-01	1	长江湖北宜昌中华鲟自然保护区（中心城区段）	西陵区	是	1.76	自然保护区条例、在国家级自然保护区修筑设施审批管理暂行办法、野生植物保护条例
					伍家岗区	是	8.26	
					点军区	是	12.55	
					猇亭区	是	8.17	
					宜昌高新区白洋工业园	部分属于	13.71	
		YC-01-B-02	2	西陵白鹭自然保护小区	西陵区	否	0.61（10*）	自然保护区条例、野生植物保护条例、湖北省森林和野生动物类型自然保护区管理办法
		YC-03-B-03	3	文佛山自然保护小区	点军区	否	10	
		YC-03-B-04	4	车溪自然保护小区	点军区	是	4.81	
		YC-04-B-05	5	猇亭白鹭自然保护小区	猇亭区	部分属于	3.33	
		YC-04-B-06	6	猇亭小鹿自然保护小区	猇亭区	否	2.13	

续表

类型	要素类别	编码	地块编号	地块名称	地理位置	是否属于生态保护红线区	面积/km²	管控制度
生物多样性维护生态功能控制线	省级自然保护区/省级自然保护小区	YC-04-B-07	7	天湖自然保护小区	猇亭区	否	5.76	自然保护区条例、野生植物保护条例、湖北省森林和野生动物类型自然保护区管理办法
		YC-00-B-08	8	四陵坡白鹭自然保护小区	宜昌高新区白洋工业园	部分属于	10	
		YC-01-B-09	9	西陵峡口猕猴自然保护小区	西陵区	部分属于	1.32（10*）	
	国家级风景名胜区	YC-00-B-10	10	长江三峡风景名胜区西陵峡景区（非核心区范围）	西陵区、点军区长江江段	是（葛洲坝上游江段）	9.95	风景名胜区条例、湖北省风景名胜区条例
		YC-00-B-11	11	长江三峡风景名胜区西陵峡景区（中心城区部分）	西陵区、点军区	是	27.65	
		YC-00-B-12	12	长江三峡风景名胜区车溪景区	点军区	是	25.83	
	国家级地质公园	YC-00-B-13	13	长江三峡（湖北）国家地质公园西陵峡园区（西陵、点军部分）	西陵区、点军区	部分属于	21.94	地质遗迹保护管理规定、湖北省地质环境管理条例
湖泊湿地洪水调蓄生态功能控制线	重要水库	YC-01-E-01	14	葛洲坝水利枢纽-水库工程（含黄柏河永久性保护水域**）	西陵区、点军区、夷陵区	部分属于	4.95	湖北省水库管理办法、湖北省湖泊保护条例、水库大坝安全管理条例、湖北省实施《中华人民共和国防洪法》办法、关于加强蓄滞洪区建设与管理若干意见；黄柏河永久性保护水域同时执行宜昌市城区重点绿地保护条例

注：*——批复面积或名录面积，保护区边界需核定；**——黄柏河永久性保护水域位于西陵区、夷陵区，总面积为 1.615 6 km²。

附表 5　中心城区生态功能黄线区 7 个地块清单

自然生态要素	地块编号	地块名称	地理位置	面积/km^2
主要河流河滨带	1	西陵区长江干流河滨带	西陵区	1.01
	2	伍家岗区长江干流河滨带	伍家岗区	3.59
	3	点军区长江干流河滨带	点军区	4.67
	4	猇亭区长江干流河滨带	猇亭区	3.75
水源涵养及土壤保持功能重要区、土壤侵蚀敏感区	5	点军区土壤保持及水源涵养功能重要区	点军区	6.19
	6	猇亭区善溪冲水库上游水源涵养功能重要区	猇亭区	1.86
	7	宜昌高新区土壤侵蚀敏感区	宜昌高新区	2.54
合计				23.61

附表 6　中心城区生态功能控制区非法定自然保护地环境准入清单

序号	类别	允许开发建设活动
1	生态环境保护	天然林保护、植树造林、生态林业、森林抚育、退化林修复、林业病虫害防治
		退耕还林还草、退渔还湖、退牧还草
		水土流失治理、地质灾害治理
		自然保护地、珍稀濒危物种及其栖息地、种质资源保护区、湿地系统等重要生态功能区的保护和建设
		生态护坡及生态护岸建设、水资源保护
		自然景观、自然生态系统、地质遗迹及历史文化遗迹的修复与保护
		河流、湖泊、水库等水体生态环境整治
		污染场地治理与修复
		生态环境保护能力建设项目
		其他改善和提升生态环境质量的项目
2	旅游开发	生态旅游（禁止大规模房地产开发及城镇化建设）
		绿色康养产业（禁止大规模房地产开发及城镇化建设）
3	资源开发与供应	油气输送管道
		太阳能发电（光伏发电）
		地热资源开发利用
		加油站、加气站
		输变电工程
		矿产地质勘查（禁止抽排水量大的探矿、重金属矿探矿）
4	民生工程	贫困地区生态种养业（禁止 25° 以上陡坡地、大中型水库周边汇水区 20° 以上陡坡地开垦种植农作物）
		自来水生产和供应、自来水输送管道、排水管道及配套设施
		农村地区污水治理设施、生活垃圾转运站、农业包装物收集转运设施
		农业固体废物资源化综合利用
		地方特色动植物种质资源保育、农村地区农产品就地初加工（烟叶、茶叶、蔬菜、水果等）
		农村地区住房改造、原住居民安置房及住宅小区建设、学校及幼儿园等公益设施建设
		殡葬业、陵园、公墓
		科学研究、观测、无线电通信、气象探测
		区域、工程及环境地质勘查

续表

序号	类别	允许开发建设活动
5	重大基础设施	公路建设
		铁路及铁路枢纽
		港口、码头工程
		机场建设
		城市轨道交通工程
		桥梁、隧道工程
		仓储物流（禁止建设危化品仓储、危险废物贮存项目）
		地下管廊工程
		防洪工程、农田灌溉和排水工程、蓄水及引水工程
6	其他	国防、军事等特殊用途设施建设
		省级及以上重大战略资源勘查
		国家级重大开发建设活动

说明：

1. 本准入清单适用于非法定自然保护地，包括：水源涵养功能重要区、土壤保持功能重要区、土壤侵蚀敏感区等，未予准入的开发建设活动不允许建设。

2. 允许开展的建设活动必须符合法律法规的相关规定，并具备相应批准层级政府或行业主管部门的批准文件。

3. 生态功能控制区内开发建设应同步制定拟实施项目的生态修复方案，尽量少占生态空间。生态功能控制区内单个项目建设用地面积原则上不得超过 1 km^2（对因临时占地，项目施工结束后完全恢复为原生自然生态环境的区域，其相应面积可予以扣减），用地面积超过 1 km^2 的单个开发建设活动应按照“功能不降低、性质不改变、面积不减少”的原则编制生态补偿和修复方案以及论证报告，通过市环委会办公室组织的专家技术评审后，提请市人民政府审议，市人民政府批准同意后方可实施。生态补偿和修复内容纳入建设项目竣工环保“三同时”验收。

4. 按照高功能区域高标准保护的原则，与生态保护红线区重叠区域执行国家及湖北省生态保护红线管理制度，与法定自然保护地重叠的区域执行法定自然保护地法律法规及主管部门发布的管理制度，以上区域不按环境准入清单制度管控；林地、草地、河流等自然生态空间和自然资源应同时执行相关法律法规及管理制度。

附表 7　生态功能黄线区环境准入负面清单

序号	类别	限制开发建设项目
1	基础设施建设	危险废物和医疗废物处置设施、污水处理厂、垃圾填埋场
2	农林业	毁林开荒、伐木、25° 以上陡坡地开垦种植农作物、规模化畜禽养殖
3	资源能源开发	露天采矿、采砂、取土、地下水抽排水量大地下勘探和采矿项目
		引水式水力发电站、径流式水电站、抽水蓄能电站
4	工业	石化、化工、医药、建材以及渣场、尾矿库等重污染、高环境风险项目
5	其他	破坏主导生态环境功能的其他开发建设活动

附表 8　宜昌市中心城区水环境质量红线区 19 个水环境控制单元（“三线一单”优先管控区）清单

水环境控制单元清单编码	单元编号	所在区	所在区域名称	所在流域	水质目标	是否为饮用水水源地	所属“水十条”控制单元	重点流域规划单元控制类型	汇水区面积/hm²
YS4205021210001	yz0007	西陵区	湖北西陵经济技术开发区	黄柏河	Ⅱ类	否	①	水质改善型	217.7
YS4205041210002	yz0034	点军区	土城乡	丹水	Ⅱ类	否	②	防止退化型	21.52
YS4205041210003	yz0041	点军区	土城乡	桥边河	Ⅱ类	否	①	水质改善型	508.66
YS4205041210004	yz0053	点军区	土城乡	桥边河	Ⅱ类	否	①	水质改善型	1 541.02
YS4205041210005	yz0055	点军区	土城乡	丹水	Ⅱ类	是	②	防止退化型	108
YS4205041210006	yz0056	点军区	土城乡	桥边河	Ⅱ类	是	①	水质改善型	1 099.36
YS4205041210007	yz0057	点军区	土城乡	桥边河	Ⅱ类	是	①	水质改善型	104.39
YS4205041210008	yz0060	点军区	土城乡	桥边河	Ⅱ类	是	①	水质改善型	815.79
YS4205041210009	yz0063	点军区	土城乡	桥边河	Ⅱ类	是	①	水质改善型	666.86
YS4205041210010	yz0068	点军区	点军街道	长江	Ⅱ类	是	①	水质改善型	2.34
		点军区	联棚乡	长江	Ⅱ类	是	①	水质改善型	2.78
		点军区	艾家镇	长江	Ⅱ类	是	①	水质改善型	577.24
YS4205041210011	yz0091	点军区	联棚乡	清江	Ⅱ类	是	②	防止退化型	5.62
YS4205051210012	yz0093	猇亭区	云池街道	长江	Ⅱ类	是	①	水质改善型	299.8
		宜昌高新区	白洋工业园	长江	Ⅱ类	是	①	水质改善型	208.46
YS4205831210013	yz0118	宜昌高新区	白洋工业园	长江	Ⅱ类	否	①	水质改善型	2.43
YS4205051210014	yz0122	猇亭区	云池街道	长江	Ⅱ类	是	①	水质改善型	637.33
		宜昌高新区	白洋工业园	长江	Ⅱ类	是	①	水质改善型	120.12
YS4205831210015	yz0125	猇亭区	云池街道	长江	Ⅱ类	是	①	水质改善型	40.87
		宜昌高新区	白洋工业园	长江	Ⅱ类	是	①	水质改善型	155.01
YS4205041210016	yz0126	点军区	联棚乡	长江	Ⅱ类	是	①	水质改善型	1 445.38

续表

水环境控制单元清单编码	单元编号	所在区	所在区域名称	所在流域	水质目标	是否为饮用水水源地	所属“水十条”控制单元	重点流域规划单元控制类型	汇水区面积/hm^2
YS4205021210017	yz0128	宜昌高新区	东山园区	长江	Ⅱ类	是	①	水质改善型	160.35
		西陵区	建成区	长江	Ⅱ类	是	①	水质改善型	3.92
YS4205021210018	yz0129	西陵区	窑湾街道	长江	Ⅱ类	是	①	水质改善型	9.46
		西陵区	湖北西陵经济技术开发区	长江	Ⅱ类	是	①	水质改善型	307.02
		宜昌高新区	东山园区	长江	Ⅱ类	是	①	水质改善型	144.90
YS4205041210019	yz0162	西陵区	长江三峡风景名胜区	长江	Ⅱ类	是	①	水质改善型	65.48
		西陵区	建成区	长江	Ⅱ类	是	①	水质改善型	73.59
		点军区	点军街道	长江	Ⅱ类	是	①	水质改善型	170.15

注：①长江宜昌市 1 控制单元［白洋（云池）断面］；
②清江宜昌市控制单元。

附表 9　宜昌市中心城区水环境质量黄线区内 53 个重点管控区（“三线一单”重点管控区）清单

水环境控制单元清单编码	单元编号	所在流域	城镇生活污染重点管控区	工业源污染重点管控区	农业源污染重点管控区	所在区	所在乡镇	所属“水十条”控制单元	重点流域规划单元控制类型	汇水区面积/hm²
YS4205022220001	yz0008	葛洲坝库区	是			西陵区	建成区	①	水质改善型	11.56
						西陵区	窑湾街道、夜明珠街道	①	水质改善型	79.83
						西陵区	长江三峡风景名胜区	①	水质改善型	249.93
YS4205022230002	yz0013	葛洲坝库区			是	宜昌高新区	东山园区	①	水质改善型	2.82
						西陵区	窑湾街道	①	水质改善型	299.58
						西陵区	湖北西陵经济技术开发区	①	水质改善型	259.18
YS4205022210003	yz0014	葛洲坝库区	是	是		西陵区	建成区	①	水质改善型	218.18
						西陵区	湖北西陵经济技术开发区	①	水质改善型	122.33
						西陵区	窑湾街道	①	水质改善型	194.29
						宜昌高新区	东山园区	①	水质改善型	42.75
YS4205042210004	yz0021	长江	是	是		点军区	桥边镇	①	水质改善型	45.82
						点军区	点军街道	①	水质改善型	728.4
YS4205022210005	yz0024	长江	是	是		西陵区	葛洲坝街道、西坝街道、西陵街道、学院街道、云集街道	①	水质改善型	161.57
						西陵区	窑湾街道	①	水质改善型	145.76
						宜昌高新区	东山园区	①	水质改善型	188.67
YS4205022210006	yz0025	长江	是	是		西陵区	窑湾街道	①	水质改善型	22.88
						宜昌高新区	东山园区	①	水质改善型	273.81

续表

水环境控制单元清单编码	单元编号	所在流域	城镇生活污染重点管控区	工业源污染重点管控区	农业源污染重点管控区	所在区	所在乡镇	所属“水十条”控制单元	重点流域规划单元控制类型	汇水区面积/hm^2
YS4205022220007	yz0027	长江	是			伍家岗区	伍家乡	①	水质改善型	695.68
						西陵区	建成区	①	水质改善型	78.64
						西陵区	窑湾街道	①	水质改善型	5.54
						宜昌高新区	东山园区	①	水质改善型	94.13
YS4205062230008	yz0030	柏临河			是	宜昌高新区	宜昌生物产业园	①	水质改善型	952.05
YS4205042230009	yz0032	长江			是	点军区	点军街道	①	水质改善型	433.43
						点军区	桥边镇	①	水质改善型	273.99
YS4205042230010	yz0033	桥边河			是	点军区	点军街道	①	防止退化型	584.11
						点军区	联棚乡	①	防止退化型	165.98
						点军区	桥边镇	①	防止退化型	139.47
						宜昌高新区	电子信息产业园	①	防止退化型	13.42
YS4205042230011	yz0039	桥边河			是	宜昌高新区	电子信息产业园	①	防止退化型	599.28
YS4205032230012	yz0042	柏临河			是	宜昌高新区	宜昌生物产业园	①	水质改善型	218.99
						伍家岗区	伍家乡	①	水质改善型	505.32
YS4205062220013	yz0044	柏临河	是			宜昌高新区	宜昌生物产业园	①	水质改善型	405.99
YS4205062220014	yz0045	柏临河			是	宜昌高新区	宜昌生物产业园	①	水质改善型	699.84
YS4205042220015	yz0054	桥边河			是	点军区	土城乡	①	防止退化型	728.66
YS4205062210016	yz0058	柏临河	是	是		宜昌高新区	宜昌生物产业园	①	水质改善型	210.11
YS4205032220017	yz0065	长江	是		是	伍家岗区	伍家乡	①	水质改善型	1 265.63
YS4205052230018	yz0070	长江			是	猇亭区	虎牙街道	①	水质改善型	1 465.93
						猇亭区	云池街道	①	水质改善型	24.91

续表

水环境控制单元清单编码	单元编号	所在流域	城镇生活污染重点管控区	工业源污染重点管控区	农业源污染重点管控区	所在区	所在乡镇	所属“水十条”控制单元	重点流域规划单元控制类型	汇水区面积/hm^2
YS4205052230019	yz0072	长江			是	伍家岗区	伍家乡	①	水质改善型	13.21
						猇亭区	虎牙街道	①	水质改善型	878.57
YS4205052210020	yz0085	长江	是	是	是	猇亭区	古老背街道	①	水质改善型	289.95
						猇亭区	虎牙街道	①	水质改善型	811.44
YS4205052220021	yz0089	长江	是		是	猇亭区	古老背街道	①	水质改善型	767.52
						猇亭区	虎牙街道	①	水质改善型	795.98
						猇亭区	云池街道	①	水质改善型	30.32
YS4205052210022	yz0092	长江	是	是	是	猇亭区	云池街道	①	水质改善型	791.12
						宜昌高新区	白洋工业园	①	水质改善型	156.27
YS4205832230023	yz0097	玛瑙河			是	宜昌高新区	白洋工业园	①	水质改善型	325.43
YS4205832230024	yz0099	玛瑙河			是	宜昌高新区	白洋工业园	①	水质改善型	838.48
YS4205832230025	yz0101	长江			是	宜昌高新区	白洋工业园	①	水质改善型	759.34
YS4205832230026	yz0102	玛瑙河			是	宜昌高新区	白洋工业园	①	水质改善型	517.01
YS4205832230027	yz0105	玛瑙河			是	宜昌高新区	白洋工业园	①	水质改善型	627.03
YS4205832220028	yz0106	长江	是			宜昌高新区	白洋工业园	①	水质改善型	442.58
YS4205832230029	yz0108	玛瑙河			是	宜昌高新区	白洋工业园	①	水质改善型	640.12
YS4205832230030	yz0109	玛瑙河			是	宜昌高新区	白洋工业园	①	水质改善型	418.89
YS4205832230031	yz0110	玛瑙河			是	宜昌高新区	白洋工业园	①	水质改善型	985.74
YS4205832220032	yz0113	长江	是		是	宜昌高新区	白洋工业园	①	水质改善型	1 399.87
YS4205832230033	yz0114	长江			是	宜昌高新区	白洋工业园	①	水质改善型	619.68
YS4205832230034	yz0115	长江			是	宜昌高新区	白洋工业园	①	水质改善型	1 425.57
YS4205832230035	yz0116	长江			是	宜昌高新区	白洋工业园	①	水质改善型	580.76

续表

水环境控制单元清单编码	单元编号	所在流域	城镇生活污染重点管控区	工业源污染重点管控区	农业源污染重点管控区	所在区	所在乡镇	所属“水十条”控制单元	重点流域规划单元控制类型	汇水区面积/hm²
YS4205042220036	yz0121	长江	是		是	点军区	点军街道	①	水质改善型	1 006.84
						点军区	联棚乡	①	水质改善型	567.97
YS4205052230037	yz0123	长江			是	猇亭区	云池街道	①	水质改善型	730.84
YS4205832220038	yz0124	长江	是		是	宜昌高新区	白洋工业园	①	水质改善型	1 592.09
YS4205042230039	yz0127	长江			是	点军区	联棚乡	①	水质改善型	975.27
						点军区	艾家镇	①	水质改善型	36.46
YS4205022220040	yz0137	长江	是			西陵区	长江三峡风景名胜区	①	水质改善型	273.32
						西陵区	建成区	①	水质改善型	219.45
						西陵区	窑湾街道	①	水质改善型	4.04
						点军区	点军街道	①	水质改善型	546.53
YS4205042210041	yz0138	长江	是	是		点军区	点军街道	①	水质改善型	680.23
						点军区	桥边镇	①	水质改善型	464.74
YS4205022220042	yz0141	长江	是			西陵区	建成区	①	水质改善型	981.46
						宜昌高新区	东山园区	①	水质改善型	10.85
YS4205042230043	yz0142	长江			是	点军区	艾家镇	①	水质改善型	548.72
						点军区	点军街道	①	水质改善型	2.46
YS4205032210044	yz0143	长江	是	是	是	伍家岗区	伍家乡	①	水质改善型	1 633.68
						点军区	艾家镇	①	水质改善型	46.9
						西陵区	窑湾街道	①	水质改善型	67.13
YS4205022210045	yz0149	长江	是	是		西陵区	建成区	①	水质改善型	386.91

续表

水环境控制单元清单编码	单元编号	所在流域	城镇生活污染重点管控区	工业源污染重点管控区	农业源污染重点管控区	所在区	所在乡镇	所属“水十条”控制单元	重点流域规划单元控制类型	汇水区面积/hm^2
YS4205022210046	yz0150	长江	是	是		宜昌高新区	东山园区	①	水质改善型	235.68
						西陵区	窑湾街道	①	水质改善型	5.47
						伍家岗区	伍家乡	①	水质改善型	14.78
YS4205032210047	yz0151	柏临河	是	是	是	伍家岗区	伍家乡	①	水质改善型	1 047.79
						宜昌高新区	宜昌生物产业园	①	水质改善型	54.72
YS4205032210048	yz0153	柏临河	是	是	是	伍家岗区	伍家乡	①	水质改善型	506.21
						宜昌高新区	宜昌生物产业园	①	水质改善型	310.98
YS4205052220049	yz0155	长江	是			伍家岗区	伍家乡	①	水质改善型	158.8
						猇亭区	虎牙街道	①	水质改善型	867.5
YS4205032220050	yz0156	长江	是			伍家岗区	伍家乡	①	水质改善型	511.5
						猇亭区	虎牙乡	①	水质改善型	228.74
YS4205032220051	yz0157	长江	是			伍家岗区	伍家乡	①	水质改善型	557.61
YS4205052220052	yz0158	长江	是		是	猇亭区	云池街道	①	水质改善型	966.1
						猇亭区	虎牙街道	①	水质改善型	6.63
						猇亭区	古老背街道	①	水质改善型	510.95
YS4205052230053	yz0161	长江			是	猇亭区	云池街道	①	水质改善型	701.12

注：①长江宜昌市1控制单元［白洋（云池）断面］。

附表 10　宜昌市中心城区水环境质量黄线区 58 个非重点管控区清单

单元编号	所在流域	所在区	所在乡镇、工业园	所属“水十条”控制单元	重点流域规划单元控制类型	汇水区面积/hm^2
yz0001	黄柏河	西陵区	窑湾街道	①	水质改善型	15.34
	黄柏河	西陵区	长江三峡风景名胜区管理局	①	水质改善型	108.28
yz0004	长江	西陵区	长江三峡风景名胜区管理局	②	防止退化型	293.19
yz0009	黄柏河	西陵区	窑湾街道	①	水质改善型	7.26
yz0011	长江	点军区	土城乡	②	防止退化型	1 089.95
yz0015	柏临河	宜昌高新区	宜昌生物产业园区	①	水质改善型	48.03
yz0016	桥边河	点军区	桥边镇	①	防止退化型	678.92
yz0018	桥边河	点军区	桥边镇	①	防止退化型	382.65
yz0019	柏临河	宜昌高新区	宜昌生物产业园区	①	水质改善型	34.86
yz0022	桥边河	点军区	点军街道	①	防止退化型	75.47
	桥边河	点军区	桥边镇	①	防止退化型	376.44
yz0023	桥边河	点军区	土城乡	①	防止退化型	1 607.74
yz0028	长江	伍家岗区	伍家乡	①	水质改善型	4.8
	长江	宜昌高新区	东山园区	①	水质改善型	12.5
	长江	西陵区	窑湾街道	①	水质改善型	429.85
yz0029	柏临河	宜昌高新区	生物产业园区	①	水质改善型	554.5
yz0031	桥边河	点军区	点军街道办事处	①	防止退化型	9.9
	桥边河	宜昌高新区	电子信息产业园	①	防止退化型	134.71
	桥边河	点军区	桥边镇	①	防止退化型	665.14

续表

单元编号	所在流域	所在区	所在乡镇、工业园	所属“水十条”控制单元	重点流域规划单元控制类型	汇水区面积/hm^2
yz0035	柏临河	宜昌高新区	宜昌生物产业园区	①	水质改善型	317.59
	柏临河	伍家岗区	伍家乡	①	水质改善型	63.1
	柏临河	西陵区	窑湾街道	①	水质改善型	112.47
yz0036	桥边河	点军区	桥边镇	①	防止退化型	239.19
	桥边河	宜昌高新区	电子信息产业园	①	防止退化型	285.77
yz0037	桥边河	点军区	土城乡	①	防止退化型	630.59
yz0038	桥边河	宜昌高新区	电子信息产业园	①	防止退化型	149.48
	桥边河	点军区	桥边镇	①	防止退化型	258.29
yz0040	桥边河	点军区	桥边镇	①	防止退化型	8.52
	桥边河	点军区	联棚乡	①	防止退化型	47
	桥边河	宜昌高新区	电子信息产业园	①	防止退化型	886.47
yz0043	桥边河	点军区	土城乡	①	防止退化型	715.37
yz0046	桥边河	宜昌高新区	电子信息产业园	①	防止退化型	173.23
	桥边河	点军区	桥边镇	①	防止退化型	328.05
yz0047	桥边河	宜昌高新区	电子信息产业园	①	防止退化型	179.2
yz0048	长江	点军区	艾家镇	①	水质改善型	174.53
	长江	点军区	点军街道	①	水质改善型	878.08
yz0049	桥边河	宜昌高新区	电子信息产业园	①	防止退化型	5.93
	桥边河	点军区	点军街道	①	防止退化型	15.20
	桥边河	点军区	联棚乡	①	防止退化型	532.18

续表

单元编号	所在流域	所在区	所在乡镇、工业园	所属“水十条”控制单元	重点流域规划单元控制类型	汇水区面积/hm^2
yz0050	桥边河	点军区	点军街道	①	防止退化型	27.29
	桥边河	点军区	联棚乡	①	防止退化型	527.48
yz0051	桥边河	点军区	联棚乡	①	防止退化型	26.89
	桥边河	点军区	土城乡	①	防止退化型	243.79
	桥边河	宜昌高新区	电子信息产业园	①	防止退化型	856.74
yz0052	桥边河	点军区	土城乡	①	防止退化型	551.01
yz0059	桥边河	点军区	土城乡	①	防止退化型	7.78
	桥边河	宜昌高新区	电子信息产业园	①	防止退化型	17.19
	桥边河	点军区	联棚乡	①	防止退化型	2 237.93
yz0062	桥边河	点军区	土城乡	①	防止退化型	789.35
yz0066	简当河	猇亭区	虎牙街道	①	防止退化型	323.03
yz0069	桥边河	点军区	联棚乡	①	防止退化型	14.93
	桥边河	点军区	土城乡	①	防止退化型	521.81
yz0074	清江	点军区	艾家镇	②	防止退化型	67.53
	清江	点军区	联棚乡	②	防止退化型	626.61
yz0075	长江	点军区	艾家镇	①	防止退化型	1 445.74
yz0088	玛瑙河	猇亭区	云池街道	①	水质改善型	147.66
yz0094	玛瑙河	猇亭区	云池街道	①	水质改善型	37.58
	玛瑙河	宜昌高新区	白洋工业园	①	水质改善型	190.99
yz0095	玛瑙河	宜昌高新区	白洋工业园	①	水质改善型	13.63

续表

单元编号	所在流域	所在区	所在乡镇、工业园	所属“水十条”控制单元	重点流域规划单元控制类型	汇水区面积/hm^2
yz0096	长江	宜昌高新区	白洋工业园	①	水质改善型	127.87
	长江	猇亭区	云池街道	①	水质改善型	137.65
yz0098	玛瑙河	宜昌高新区	白洋工业园	①	水质改善型	180.42
yz0100	玛瑙河	宜昌高新区	白洋工业园	①	水质改善型	69.35
yz0103	玛瑙河	宜昌高新区	白洋工业园	①	水质改善型	82.42
yz0104	玛瑙河	宜昌高新区	白洋工业园	①	水质改善型	163.49
yz0107	长江	宜昌高新区	白洋工业园	①	水质改善型	631.88
yz0111	玛瑙河	宜昌高新区	白洋工业园	①	水质改善型	256.72
yz0112	长江	宜昌高新区	白洋工业园	①	水质改善型	810.3
yz0117	长江	宜昌高新区	白洋工业园	①	水质改善型	701.9
yz0119	长江	宜昌高新区	白洋工业园	①	水质改善型	124.8
yz0120	长江	宜昌高新区	白洋工业园	①	水质改善型	4.16
yz0130	桥边河	点军区	桥边镇	①	防止退化型	13.44
	桥边河	宜昌高新区	电子信息产业园	①	防止退化型	54.75
	桥边河	点军区	土城乡	①	防止退化型	409.38
yz0131	长江	点军区	桥边镇	③	防止退化型	159.61
	长江	点军区	土城乡	③	防止退化型	646.98
yz0132	桥边河	点军区	桥边镇	①	防止退化型	765.44
	桥边河	点军区	土城乡	①	防止退化型	1 210.69
yz0139	长江	点军区	点军街道	①	防止退化型	348.82

续表

单元编号	所在流域	所在区	所在乡镇、工业园	所属“水十条”控制单元	重点流域规划单元控制类型	汇水区面积/hm^2
yz0140	长江	西陵区	建成区	①	水质改善型	67.98
	长江	点军区	点军街道	①	水质改善型	296.49
yz0145	长江	点军区	艾家镇	①	水质改善型	1 031.22
yz0146	长江	点军区	艾家镇	①	水质改善型	416.22
yz0147	柏临河	宜昌高新区	宜昌生物产业园区	①	水质改善型	37.5
	柏临河	宜昌高新区	宜昌生物产业园区	①	水质改善型	77.19
yz0148	柏临河	宜昌高新区	宜昌生物产业园区	①	水质改善型	269.86
	柏临河	伍家岗区	伍家乡	①	水质改善型	167.84
yz0159	长江	猇亭区	云池街道	①	水质改善型	39.94
	长江	猇亭区	古老背街道	①	水质改善型	65.24
	长江	猇亭区	虎牙街道	①	水质改善型	152.32
yz0160	长江	宜昌高新区	宜昌白洋工业园	①	水质改善型	522.07
yz0163	长江	西陵区	长江三峡风景名胜区管理局	③	防止退化型	756.55

说明：

“三线一单”编码体系没有关于非重点管控区的编码规则说明，因此，本表未对水环境控制单元设置清单编码。

注：①长江宜昌市 1 控制单元［白洋（云池）断面］；

②清江宜昌市控制单元；

③长江宜昌市控制单元。

附表 11　中心城区各行政区 2017 年水环境承载率状况

序号	行政区	COD		NH_3-N		TP	
		容量/（t/a）	承载率	容量/（t/a）	承载率	容量/（t/a）	承载率
1	西陵区*	761.84	7.91	35.34	22.31	7.07	1.78
2	伍家岗区*	1 036.55	1.52	51.83	5.59	10.37	3.72
3	点军区	8 015.85	0.56	384.12	0.88	76.82	0.90
4	猇亭区*	1 645.99	0.70	76.57	1.79	15.31	0.52
5	宜昌高新区*	2 922.72	0.78	140.02	1.98	28.00	0.89
	合计	14 382.95	1.08	687.88	2.45	137.58	0.79

注：承载率=污染物排放量/污染物环境容量；*水环境承载现状超载区域。

附表 12 宜昌市中心城区大气环境质量红线区 30 个地块清单

清单编码	图形编号	地块名称	类型	面积/km²	管控区分类	大气环境管控要求	区县
YS42050213100001	1	西陵峡口猕猴自然保护小区	大气环境功能一类区	1.32	大气环境优先保护区	执行环境空气质量一级标准，原则上禁止新建排放大气污染物的工业项目（农产品就地加工和仓储、农业废弃物资源综合利用、地质勘查、居民服务业等低污染项目除外，以上项目对新增二氧化硫、氮氧化物、颗粒物、挥发性有机物实行区域大气污染物二倍量削减），现有工业企业大气排放源（燃煤锅炉、工业炉窑等）限期关闭；在符合法律法规要求的前提下，实施露天矿山关停整合，限期关停环保不达标、不规范的矿山，严格控制露天矿山数量，不新增大气污染物排放总量，并实施矿山生态修复；禁止使用煤、煤矸石、原油、重油、渣油、煤焦油、石油焦、油页岩以及污染物含量超过国家限值的柴油、煤油等高污染燃料；禁止焚烧秸秆、工业废弃物、环卫清扫物、建筑垃圾、生活垃圾等废弃物；加强餐饮等服务业燃料烟气及油烟污染防治，使用天然气、液化石油气、太阳能、电能等清洁能源	西陵区
YS42050213100002	2	西陵白鹭自然保护小区	大气环境功能一类区	0.6	大气环境优先保护区		西陵区
YS42050213100003	6	长江三峡风景名胜区（非核心区）	大气环境功能一类区	7.8	大气环境优先保护区		西陵区
YS42050213100004	7	长江三峡风景名胜区西陵峡景区（北岸）	大气环境功能一类区	13.9	大气环境优先保护区		西陵区
YS42050413100001	11	文佛山自然保护小区	大气环境功能一类区	10	大气环境优先保护区		点军区
YS42050413100002	12	长江三峡风景名胜区车溪景区	大气环境功能一类区	25.83	大气环境优先保护区		点军区
YS42050413100003	13	峡口-牛扎坪风景区	大气环境功能一类区	179.0	大气环境优先保护区		点军区
YS42050413100004	17	长江三峡风景名胜区西陵峡景区（南岸）	大气环境功能一类区	13.8	大气环境优先保护区		点军区
YS42050413100005	18	长江三峡风景名胜区（非核心区）	大气环境功能一类区	4.1	大气环境优先保护区		点军区
YS42050513100001	19	猇亭小鹿自然保护小区	大气环境功能一类区	2.13	大气环境优先保护区		猇亭区
YS42050513100002	20	天湖自然保护小区	大气环境功能一类区	5.76	大气环境优先保护区		猇亭区
YS42050513100003	21	猇亭白鹭自然保护小区	大气环境功能一类区	3.33	大气环境优先保护区		猇亭区
YS42050313100001	29	四陵坡白鹭自然保护小区	大气环境功能一类区	5.2	大气环境优先保护区		高新区
YS42050313100002	30	四陵坡白鹭自然保护小区	大气环境功能一类区	4.8	大气环境优先保护区		高新区

续表

清单编码	图形编号	地块名称	类型	面积/km²	管控区分类	大气环境管控要求	区县
YS42050223300001	3	西陵区布局敏感红线区	布局敏感区	20.5	大气环境重点管控区	执行环境空气质量二级标准，禁止新（改、扩）建除热电联产以外的煤电、建材、焦化、有色、石化、化工等行业中的高污染、高排放项目；禁止新建涉及有毒有害气体排放的化工项目；新（改、扩）建其他项目实行区域大气污染物二倍量削减	西陵区
YS42050223300002	5	湖北西陵经济技术开发区	布局敏感区	4.9	大气环境重点管控区		西陵区
YS42050323100002	10	伍家岗区布局敏感红线区	布局敏感区	5.3	大气环境重点管控区		伍家岗区
YS42050423300001	14	点军区布局敏感红线区	布局敏感区	118.1	大气环境重点管控区		点军区
YS42050423300001	15	点军区布局敏感红线区	布局敏感区	58.4	大气环境重点管控区		点军区
YS42050223300001	25	宜昌高新区东山园区	布局敏感区	11.4	大气环境重点管控区		宜昌高新区
YS42050323200004	28	白洋工业园白洋新城	布局敏感区	12.1	大气环境重点管控区		宜昌高新区
YS42050223100001	4	西陵区人口密集区	受体重要区	18.5	大气环境重点管控区	禁止新建、扩建排放大气污染物的工业项目及露天矿山，禁止新增工业大气污染物；城市基础设施建设期间配套的临时工程应对废气污染物全收集、全治理，并实行区域大气污染物二倍量削减；产生大气污染物的工业企业应持续开展节能减排，大气污染严重的工业企业限期关停或逐步迁出；执行“高污染燃料禁燃区”的管理规定；禁止焚烧秸秆、工业废弃物、环卫清扫物、建筑垃圾、生活垃圾等废弃物；加强餐饮等服务业燃料烟气及油烟防治，推广使用天然气、	西陵区
YS42050323100001	8	伍家岗区人口密集区	受体重要区	55.2	大气环境重点管控区		伍家岗区
YS42050323100002	9	湖北伍家岗工业园区人口密集区	受体重要区	0.4	大气环境重点管控区		伍家岗区
YS42050423100001	16	点军区街道人口密集区	受体重要区	18.4	大气环境重点管控区		点军区
YS42050523100001	22	虎牙街道人口集中区	受体重要区	2.1	大气环境重点管控区		猇亭区
YS42050523100002	23	古老背街道人口集中区	受体重要区	8.6	大气环境重点管控区		猇亭区
YS42050523100003	24	云池街道人口集中区	受体重要区	5.5	大气环境重点管控区		猇亭区

续表

清单编码	图形编号	地块名称	类型	面积/km^2	管控区分类	大气环境管控要求	区县
YS42050323200002	26	宜昌生物产业园人口密集区	受体重要区	4.5	大气环境重点管控区	液化石油气、太阳能、电能等清洁能源，居民气化率逐步达到100%；重点防控机动车船废气排放，实施宜昌籍船舶清洁能源改造，提高船舶“燃气化率”，实现港口码头岸电全覆盖，严控停靠船舶燃油废气排放；全面整治“散乱污”，实施城市扬尘污染防治方案，城市建设文明施工全面普及，严格控制扬尘排放；倡导绿色低碳的出行方式和生活方式，降低人均能源消耗量及废气污染物排放量	宜昌高新区
YS42050323200003	27	宜昌生物产业园人口密集区	受体重要区	6.6	大气环境重点管控区		宜昌高新区

附表 13 宜昌市中心城区大气环境质量黄线区 14 个地块清单

清单编码	图形编号	地块名称	类型	面积/km^2	管控区分类	区县
YS42050323200002	1	宜昌生物产业园-夷陵区	高排放区	26.6	大气环境重点管控区	宜昌高新区
YS42050323200001	2	宜昌生物产业园-伍家岗区	高排放区	4.2	大气环境重点管控区	宜昌高新区
YS42050323200002	3	湖北伍家岗工业园拓展区	高排放区	1.8	大气环境重点管控区	伍家岗区
YS42050323200003	4	湖北伍家岗工业园花艳片区	高排放区	2.2	大气环境重点管控区	伍家岗区
YS42050323300001	5	伍家岗区布局敏感红线区	布局敏感区	15.5	大气环境重点管控区	伍家岗区
YS42050423300002	6	点军区布局敏感黄线区	布局敏感区	8.2	大气环境重点管控区	点军区
YS42050423400001	7	点军区聚集脆弱黄线区	弱扩散区	63.3	大气环境重点管控区	点军区
YS42050423200001	8	电子信息产业园	高排放区	33.7	大气环境重点管控区	宜昌高新区
YS42050523200001	9	猇亭工业园云池片区	高排放区	5.5	大气环境重点管控区	猇亭区
YS42050523200002	10	猇亭工业园南部园区	高排放区	8.0	大气环境重点管控区	猇亭区
YS42050523200003	11	猇亭工业园北部园区	高排放区	8.9	大气环境重点管控区	猇亭区
YS42050523400001	12	猇亭区聚集脆弱黄线区	弱扩散区	38.2	大气环境重点管控区	猇亭区
YS42050523400002	13	猇亭区聚集脆弱黄线区	弱扩散区	30.9	大气环境重点管控区	猇亭区
YS42058323200100	14	白洋工业园	高排放区	134.6	大气环境重点管控区	宜昌高新区

附表 14　中心城区各行政区 2017 年环境空气承载率状况

序号	行政区	NO_x		SO_2		PM_{10}		$PM_{2.5}$	
		容量/（t/a）	承载率	容量/（t/a）	承载率	容量/（t/a）	承载率	容量/（t/a）	承载率
1	西陵区*	273.4	0.7	358.2	3.3	53.8	13.3	26.9	21.3
2	伍家岗区*	84.7	1.2	288.1	2.2	377.4	1.0	188.7	1.5
3	点军区	2 035.9	0.1	2 667.3	0.1	400.7	0.6	200.4	0.7
4	猇亭区*	438.2	3.6	574.0	2.7	86.2	6.2	43.1	9.4
5	宜昌高新区*	891.5	0.5	1 167.9	0.9	175.5	1.5	87.8	2.4
	中心城区*	2 832.2	0.7	3 887.5	0.9	918.2	1.9	459.1	2.8

注：承载率=污染物排放量/污染物环境容量；*环境空气承载现状超载区域。

附表 15　宜昌市中心城区重点环境风险源清单

类别	序号	环境风险源	所在行政区	主要环境影响因素	潜在风险影响程度	影响对象	风险防范对策
化工医药企业	1	湖北宜化化工股份有限公司	猇亭区	环境空气、地表水	重大	猇亭区及伍家岗区大气环境质量红线区（人口密集区）、生态保护红线区（长江湖北宜昌中华鲟自然保护区）	重点防范废水及废气事故性排放、废气无组织排放、化学品泄漏及火灾等环境风险；对环境风险大、布局不合理的企业限期予以关停或搬迁；抓好环境风险预防，制定化工及医药企业突发环境事件应急预案，建立健全环境风险应急管理制度体系，建设完备的环境风险应急设施及污染物排放在线监测系统，定期开展应急演练
	2	湖北宜化肥业有限公司	猇亭区	环境空气、地表水	重大		
	3	湖北泰盛化工有限公司	猇亭区	环境空气、地表水、土壤	重大		
	4	湖北兴瑞化工有限公司	猇亭区	环境空气、地表水	重大		
	5	宜昌新洋丰肥业有限公司	猇亭区	环境空气、地表水	重大		
	6	湖北兴福电子材料有限公司	猇亭区	环境空气、地表水	重大		
	7	宜昌楚磷化工有限公司	猇亭区	环境空气、地表水、土壤	重大		
	8	宜昌苏鹏科技有限公司	猇亭区	环境空气、地表水	重大		
	9	宜昌汇富硅材料有限公司	猇亭区	环境空气、地表水	重大		
	10	湖北兴鑫材料有限公司	猇亭区	环境空气、地表水	重大		
	11	宜昌兴宏肥业有限公司	猇亭区	环境空气、地表水	较大		
	12	宜昌凯翔化工有限公司	猇亭区	环境空气、地表水	大		
	13	宜昌兴越新材料有限公司	猇亭区	环境空气、地表水	大		
	14	宜昌华能环保科技有限责任公司	猇亭区	环境空气、地表水、土壤	大		
	15	三峡制药猇亭生产基地	猇亭区	环境空气、地表水	重大		
	16	宜昌市龙玉化工科技有限公司	猇亭区	环境空气	大		
	17	宜昌金信化工有限公司	猇亭区	环境空气、地表水、土壤	重大		
	18	宜昌南玻硅材料有限公司	猇亭区	环境空气、地表水	重大		

续表

类别	序号	环境风险源	所在行政区	主要环境影响因素	潜在风险影响程度	影响对象	风险防范对策
化工医药企业	19	宜昌富田肥业有限公司	猇亭区	环境空气、地表水	较大	猇亭区及伍家岗区大气环境质量红线区（人口密集区）、生态保护红线区（长江湖北宜昌中华鲟自然保护区）	重点防范废水及废气事故性排放、废气无组织排放、化学品泄漏及火灾等环境风险；对环境风险大、布局不合理的企业限期予以关停或搬迁；抓好环境风险预防，制定化工及医药企业突发环境事件应急预案，建立健全环境风险应急管理制度体系，建设完备的环境风险应急设施及污染物排放在线监测系统，定期开展应急演练
	20	湖北和远气体股份有限公司猇亭分公司	猇亭区	环境空气	大		
	21	宜昌金猇和远气体有限公司	猇亭区	环境空气	大		
	22	宜昌三峡制药有限公司一分厂	点军区	环境空气、地表水	重大	点军区大气环境质量红线区（环境空气一类功能区、人口集中区）、生态保护红线区（长江湖北宜昌中华鲟自然保护区）	
	23	三峡普诺丁生物制药有限公司	宜昌高新区	环境空气、地表水	重大	伍家岗区及高新区大气环境质量红线区（人口密集区）、柏临河	
	24	宜昌易科新材料有限公司	宜昌高新区	环境空气、地表水	重大		
造纸企业	25	湖北舒云纸业有限公司	猇亭区	地表水、地下水	重大	生态保护红线区（长江湖北宜昌中华鲟自然保护区）	重点防范废水事故性排放及火灾等环境风险；加强对废水收集及应急处置设施的运维管理；抓好环境风险预防，制定造纸企业突发环境事件应急预案，建立健全环境风险应急管理制度体系，建设完备的环境风险应急设施及污染物排放在线监测系统，定期开展应急演练
	26	湖北宝塔沛博循环科技有限公司	猇亭区	地表水、地下水	重大		
火电企业	27	宜昌宜化太平洋热电有限公司	猇亭区	环境空气、地表水	重大	猇亭区及伍家岗区大气环境质量红线区（人口密集区）	重点防范烟气事故性排放，制定并落实火电企业突发环境事件应急预案，建立重污染天气下限产
	28	华润电力（宜昌）有限公司	猇亭区	环境空气	重大		

续表

类别	序号	环境风险源	所在行政区	主要环境影响因素	潜在风险影响程度	影响对象	风险防范对策
火电企业	29	安能（宜昌）生物质热电有限公司	宜昌高新区	环境空气	重大	猇亭区及伍家岗区大气环境质量红线区（人口密集区）	减排机制，健全企业环境风险应急管理制度体系，配备事故状态下废气治理备用系统，完善大气污染物排放在线监测，强化燃煤烟气除尘脱硫脱硝系统实时在线调控，实现稳定达标排放
冶金企业	30	宜昌船舶柴油机有限公司	西陵区	环境空气	大	西陵区及高新区大气环境质量红线区（人口密集区）	重点防范废气无组织排放及事故性排放，制定并严格落实企业突发环境事件应急预案，并定期演练；实施污染工段工艺技术改造，全面提升环保设施治理能力，对生产废气实行全收集、全治理，重点加强对恶臭污染物的收集治理，实现稳定达标排放
涉重金属企业	31	宜昌经纬纺机有限公司	伍家岗区	地表水、环境空气、地下水、土壤	较大	柏临河	重点防范重金属废水、酸雾、碱雾、挥发性有机物泄漏及事故性排放；制定并严格落实企业突发环境事件应急预案，并定期演练；加强重金属废水、酸雾、碱雾、挥发性有机物、危险废物的收集治理，配备事故应急池，做好风险区域地坪防渗防腐蚀处理，按照重金属行业污染控制标准及技术规范对重金属废水、废气污染物、危险废物全收集、全治理，达标排放，并符合总量控制的要求
	32	宜昌市恒昌标准件厂	伍家岗区	地表水、环境空气、地下水、土壤	较大	柏临河	

续表

类别	序号	环境风险源	所在行政区	主要环境影响因素	潜在风险影响程度	影响对象	风险防范对策
油库及油气供应企业	33	华南蓝天航空油料有限公司宜昌供应站	猇亭区	环境空气、地表水、土壤	大	中心城区大气环境质量红线区（人口密集区）、生态保护红线区（长江湖北宜昌中华鲟自然保护区）	重点防范油品及燃气泄漏、火灾等事故环境风险；对布局不合理的企业限期予以关停或搬迁，制定并落实企业突发环境事件应急预案，配备环境风险应急设施，并定期演练；全面实施挥发性有机物回收治理，严格落实安全、环保相关规定，杜绝油品及燃气泄漏、火灾事故发生
	34	中国石油湖北销售分公司宜昌油库	猇亭区	环境空气、地表水、土壤	大		
	35	宜昌市得心实用气体有限公司沙河分公司	西陵区	环境空气	大		
	36	中长燃艾家油库	点军区	环境空气、地表水	大		
	37	中石化王家河油库	伍家岗区	环境空气、地表水、土壤	重大		
危险废物治理企业	38	宜昌市危险废物集中处置中心	伍家岗区	环境空气、地表水、土壤	重大	中心城区大气环境质量红线区（人口集中区）、生态保护红线区（长江湖北宜昌中华鲟自然保护区）、柏临河	重点防范危险废物泄漏、火灾、废气及废水事故性排放等环境风险；制定并落实企业突发环境事件应急预案，配备环境风险应急设施，并定期演练；贯彻落实危险废物污染控制标准及贮存、处置相关安全环保技术规范及相关规定，贯彻污染物在线监测及地下水监测制度，杜绝事故发生
	39	宜昌升华新能源科技有限公司	猇亭区	环境空气、地表水、土壤	重大		
	40	宜昌中兴化工有限公司	猇亭区	环境空气、地表水、土壤	重大		
露天矿山	41	宜昌三发石料有限公司骡马洞沟采石场	点军区	环境空气、生态环境	较大	点军区大气环境质量红线区（环境空气一类功能区、人口集中区）、点军区生态功能控制区	重点防范粉尘污染、水土流失、地质灾害、炸药库爆炸等环境风险，制定并落实矿山突发环境事件应急预案，并定期演练。建立重污染天气限产或停产机制，全面落实环评及环保设施“三同时”验收制度，提高矿山开采清洁化、绿色化水平，规范化建设堆场、工业场地及排水收集、沉淀、回用系统，对裸露场地、边坡、采空区及时覆盖，并开展生态复垦
	42	宜昌市点军区天成建筑石料用灰岩矿	点军区	环境空气、生态环境	较大		
	43	宜昌市点军区云峰石材厂	点军区	环境空气、生态环境	较大		
	44	宜昌市俊阳建材有限公司土城乡金日岭砖瓦用泥质粉砂岩矿	点军区	环境空气、生态环境	较大		
	45	宜昌市祥成建材有限公司点军区朱家坪建筑石料用灰岩矿	点军区	环境空气、生态环境	较大		

续表

类别	序号	环境风险源	所在行政区	主要环境影响因素	潜在风险影响程度	影响对象	风险防范对策
渣场及尾矿库	46	宜昌新洋丰肥业有限公司磷石膏渣场	伍家岗区	地表水、地下水、生态环境	重大	生态保护红线区（长江湖北宜昌中华鲟自然保护区、伍家岗区国家级生态公益林）	重点防范渣场渗滤液泄漏、废水事故排放及溃坝、漫坝等环境风险；制定并落实渣场及尾矿库突发环境事件应急预案，并定期演练。落实渣场、尾矿库固废台账管理制度，禁止其他固体废物随意入库，强化库区环境管理及风险隐患排查，对存在的问题及时整改；建立健全场区渗滤液及排水收集、治理、回用体系，强化渣场防渗体系建设及地下水监测，及时开展生态复垦，大力实施磷石膏及尾矿资源化综合利用
	47	湖北宜化肥业有限公司磷石膏渣场	猇亭区	地表水、地下水、生态环境	重大		
	48	湖北宜化肥业有限公司大堰冲尾矿库	猇亭区	地表水、地下水、生态环境	重大		
垃圾填埋场	49	黄家湾垃圾填埋场（已封场）	西陵区	环境空气、地表水、地下水及土壤	较大	西陵区及高新区大气环境质量红线区（人口集中区）、生态功能控制区（沙河）	重点防范火灾、渗滤液泄漏、恶臭气体事故排放、地下水及土壤污染等环境风险；制定并落实垃圾填埋场突发环境事件应急预案，并定期演练。强化垃圾准入管理，禁止填埋危险废物等不符合填埋要求的固体废物，严格落实固废台账管理制度，贯彻落实垃圾填埋场污染控制标准及环保技术规范相关要求，强化填埋场环境管理及风险隐患排查，对存在的问题及时整改；建立健全填埋场渗滤液及排水收集、治理系统，健全填埋区废气收集治理系统，强化填埋区及废水收集治理设施防渗防腐蚀体系建设及地下水监测，填埋完成区域全覆盖，封场后及时开展生态复垦
	50	孙家湾垃圾填埋场	猇亭区	环境空气、地表水、地下水及土壤	重大	猇亭区大气环境质量红线区（人口集中区）、生态保护红线区（长江湖北宜昌中华鲟自然保护区）	
	51	马家湾生活垃圾填埋场	点军区	环境空气、地表水、地下水及土壤	重大	点军区大气环境质量红线区（人口集中区）、生态保护红线区（长江湖北宜昌中华鲟自然保护区）	

续表

类别	序号	环境风险源	所在行政区	主要环境影响因素	潜在风险影响程度	影响对象	风险防范对策
污水处理厂	52	沙河污水处理厂	西陵区	地表水、地下水	较大	生态功能控制区（沙河）	重点防范废水事故性排放、恶臭无组织排放的环境风险；制定并落实污水处理厂突发环境事件应急预案，并定期演练。严格落实城镇污水处理厂污染控制标准及环保技术规范相关要求，健全各工段水质在线监测及地下水监测体系，加强对进水水质、水量及运行工况的优化调控；对产生恶臭的构筑物进行封闭，并配备除臭装置，开展污泥资源化处置；强化污水处理设施日常运维和风险隐患排查，对存在的问题及时整改；全面落实重点风险区域基础防渗处理，避免污水泄漏对地下水及土壤造成污染
	53	平湖污水处理厂	西陵区	地表水、地下水	较大	生态保护红线区（长江葛洲坝库区）	
	54	宜昌市临江溪污水处理厂	伍家岗区	地表水、地下水	重大	生态保护红线区（长江湖北宜昌中华鲟自然保护区）	
	55	花艳污水处理厂	高新区	地表水、地下水	重大	柏临河	
	56	猇亭污水处理厂	猇亭区	地表水、地下水	重大	生态保护红线区（长江湖北宜昌中华鲟自然保护区）	
	57	点军污水处理厂	点军区	地表水、地下水	大	五龙河	
	58	点军第二污水处理厂	点军区	地表水、地下水	大	卷桥河	

宜昌市中心城区环境控制性详细规划（2018—2030年）图集

宜昌市中心城区环境控制性详细规划（2018—2030年）图集

目录

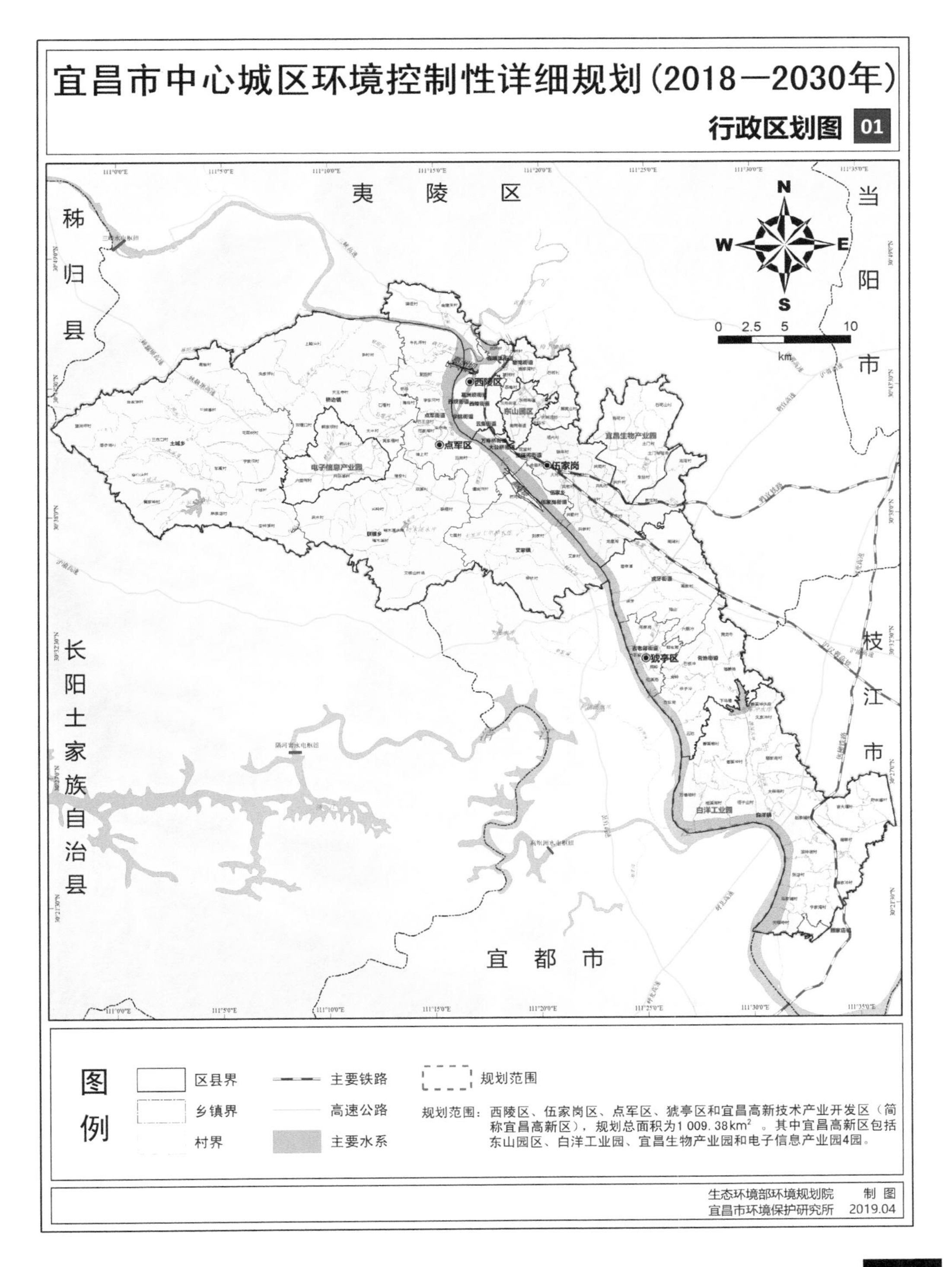
宜昌市中心城区环境控制性详细规划（2018—2030年）
行政区划图 01
夷陵区
秭归县
当阳市
长阳土家族自治县
枝江市
宜都市
西陵区
东山园区
点军区
伍家岗
猇亭区
宜昌生物产业园
电子信息产业园
白洋工业园
N
S
W
E
0 2.5 5 10
km
图例
区县界
乡镇界
村界
主要铁路
高速公路
主要水系
规划范围
规划范围：西陵区、伍家岗区、点军区、猇亭区和宜昌高新技术产业开发区（简称宜昌高新区），规划总面积为1 009.38km²。其中宜昌高新区包括东山园区、白洋工业园、宜昌生物产业园和电子信息产业园4园。
生态环境部环境规划院 制图
宜昌市环境保护研究所 2019.04

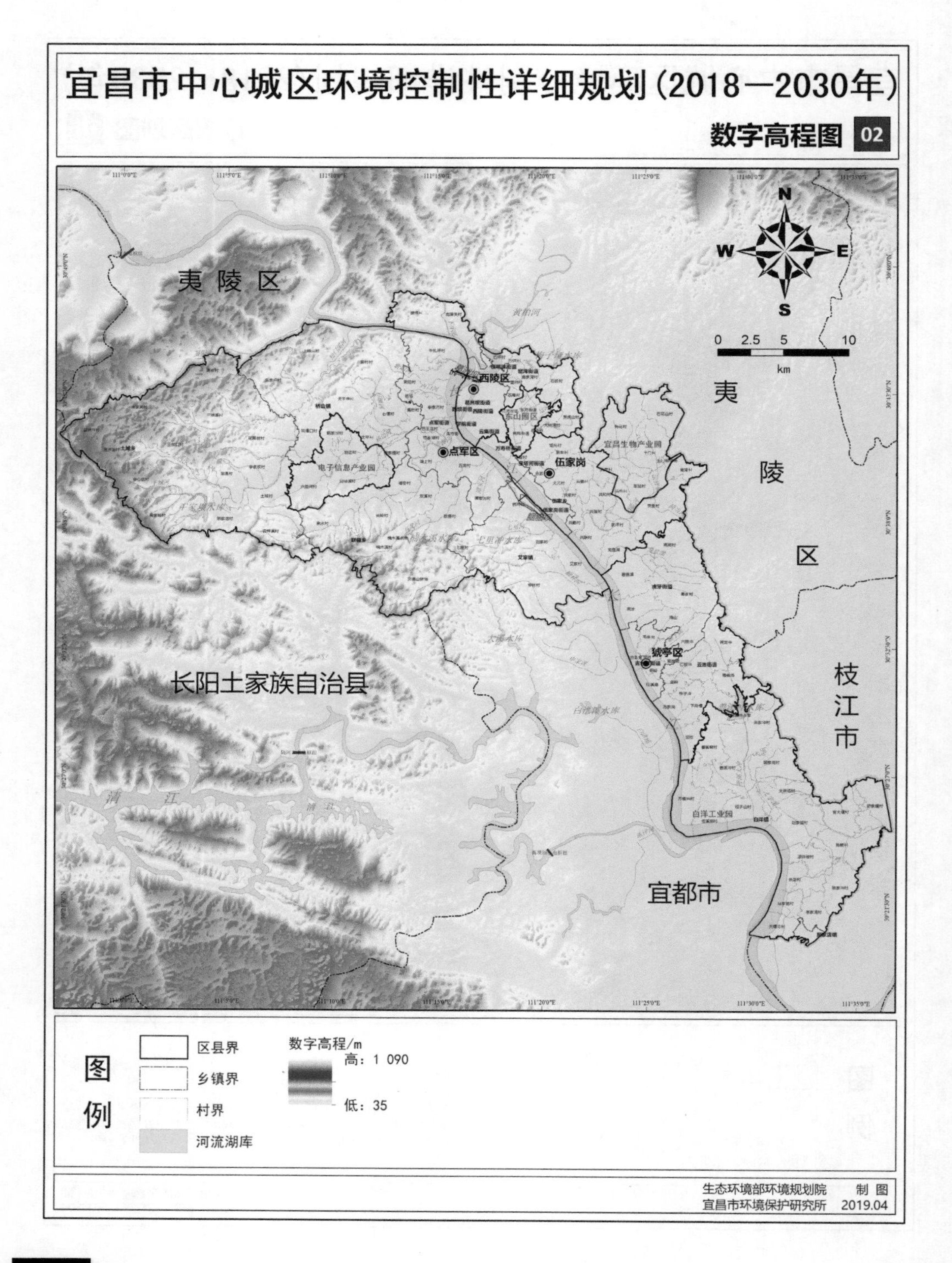
宜昌市中心城区环境控制性详细规划(2018—2030年)
数字高程图 02
夷陵区
长阳土家族自治县
宜都市
枝江市
西陵区
点军区
伍家岗
猇亭区
东山园区
宜昌生物产业园
电子信息产业园
白洋工业园
N
S
W
E
0 2.5 5 10
km
图例
区县界
乡镇界
村界
河流湖库
数字高程/m
高：1 090
低：35
生态环境部环境规划院 制图
宜昌市环境保护研究所 2019.04

宜昌市中心城区环境控制性详细规划(2018—2030年)
遥感影像图 03
夷 陵 区
秭
归
县
当
阳
市
夷
陵
区
枝
江
市
长阳土家族自治县
宜 都 市
西陵区
点军区
伍家岗
猇亭区
东山园区
宜昌生物产业园
电子信息产业园
白洋工业园
N
S
W
E
0 2.5 5 10
km
图例
区县界
乡镇界
村界
生态环境部环境规划院 制 图
宜昌市环境保护研究所 2019.04

宜昌市中心城区环境控制性详细规划(2018—2030年)
水系分布图 04
N
S
W
E
0 2.5 5 10
km
夷陵区
夷陵区
长阳土家族自治县
枝江市
宜都市
西陵区
点军区
伍家岗
猇亭区
东山园区
电子信息产业园
宜昌生物产业园
白洋工业园
黄柏河
王家坝水库
楠木溪水库
七星冲水库
大湾水库
白狐溪水库
清江
图例
区县界
乡镇界
村界
河流湖库
主要水系
生态环境部环境规划院 制图
宜昌市环境保护研究所 2019.04

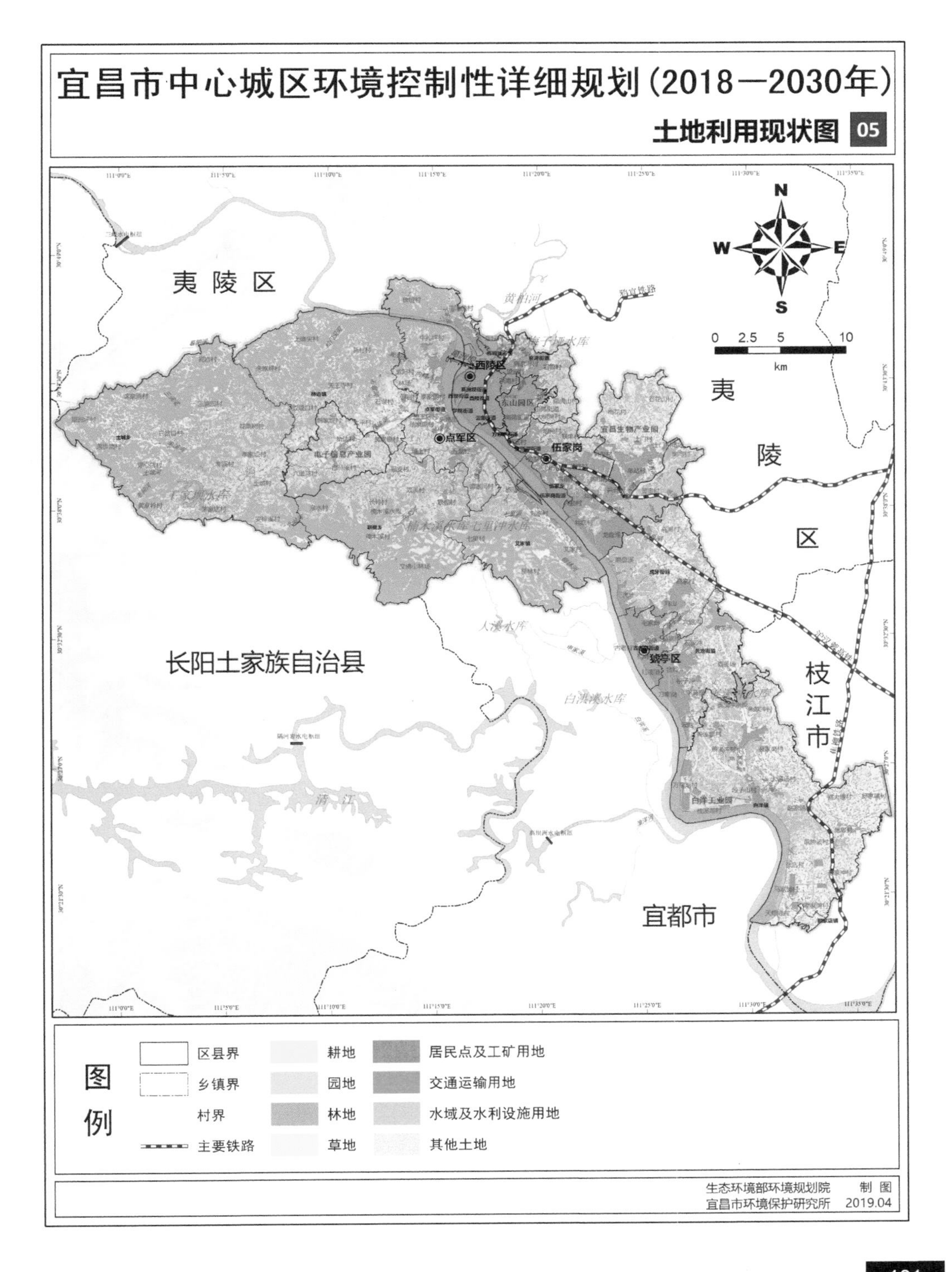
宜昌市中心城区环境控制性详细规划(2018—2030年)
土地利用现状图 05
N
W
E
S
0 2.5 5 10
km
夷陵区
夷
陵
区
长阳土家族自治县
枝
江
市
宜都市
西陵区
点军区
伍家岗
猇亭区
东山园区
宜昌生物产业园
电子信息产业园
白洋工业园
黄柏河
清江
图例
区县界
乡镇界
村界
主要铁路
耕地
园地
林地
草地
居民点及工矿用地
交通运输用地
水域及水利设施用地
其他土地
生态环境部环境规划院 制图
宜昌市环境保护研究所 2019.04

宜昌市中心城区环境控制性详细规划(2018—2030年)
工业园及开发区分布图 06
夷陵区
夷
陵
区
枝江市
长阳土家族自治县
宜都市
西陵区
点军区
伍家岗
东山园区
电子信息产业园
宜昌生物产业园
伍家岗工业园区拓展区
伍家岗工业园区花艳片区
白洋工业园
白洋镇
土城乡
桥边镇
联棚乡
艾家镇
N
S
W
E
0 2.5 5 10
km
图例
区县界
乡镇界
村界
河流湖库
湖北西陵经济技术开发区
伍家岗工业园
猇亭工业园
三峡临空经济区(猇亭部分)
宜昌高新区(一区四园)
生态环境部环境规划院 制 图
宜昌市环境保护研究所 2019.04

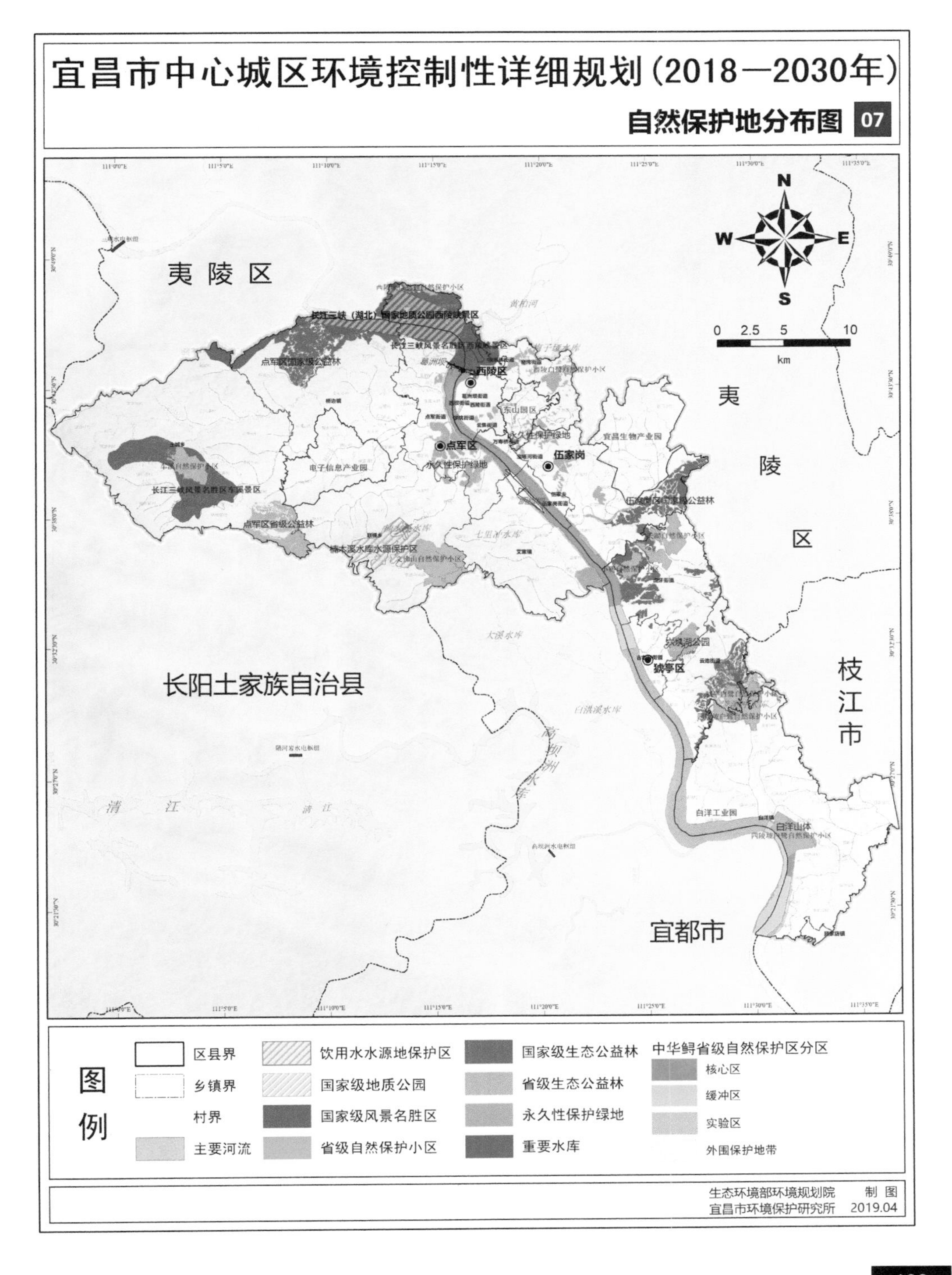

宜昌市中心城区环境控制性详细规划(2018—2030年)
自然保护地分布图 07
夷陵区
长江三峡（湖北）国家地质公园西陵峡景区
长江三峡风景名胜区西陵峡景区
点军区国家级公益林
西陵区
东山园区
点军区
永久性保护绿地
伍家岗
宜昌生物产业园
夷
陵
区
电子信息产业园
长江三峡风景名胜区车溪景区
点军区省级公益林
楠木溪水库水源保护区
七里冲水库
伍家岗区国家级公益林
太溪水库
长阳土家族自治县
猇亭区
枝
江
市
白洪溪水库
高坝洲水库
清江
白洋工业园
白洋山体
宜都市
N
S
W
E
0 2.5 5 10
km
图例
区县界
乡镇界
村界
主要河流
饮用水水源地保护区
国家级地质公园
国家级风景名胜区
省级自然保护小区
国家级生态公益林
省级生态公益林
永久性保护绿地
重要水库
中华鲟省级自然保护区分区
核心区
缓冲区
实验区
外围保护地带
生态环境部环境规划院 制图
宜昌市环境保护研究所 2019.04

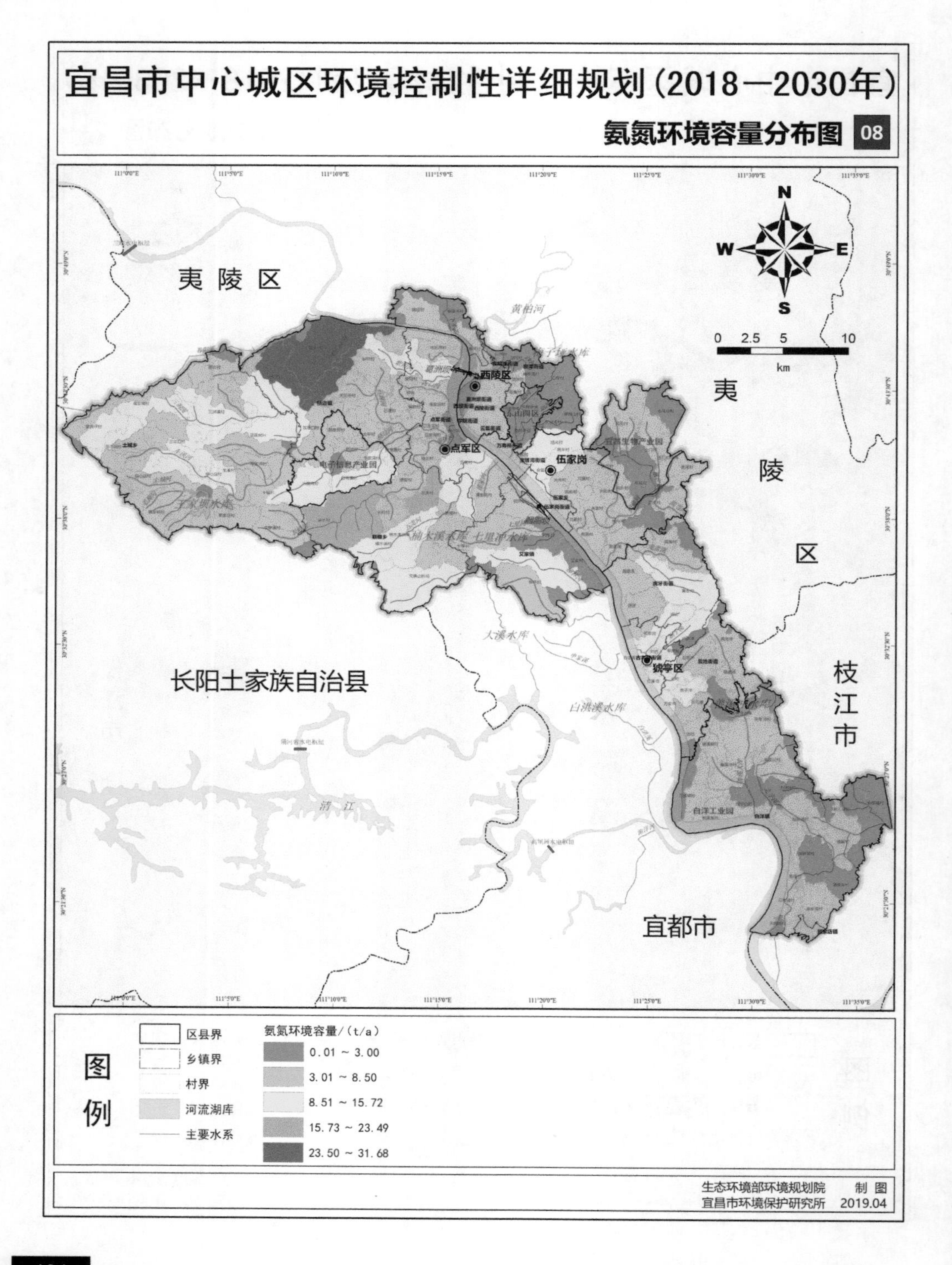

宜昌市中心城区环境控制性详细规划(2018—2030年)
氨氮环境容量分布图 08
夷陵区
夷陵区
长阳土家族自治县
枝江市
宜都市
西陵区
点军区
伍家岗
猇亭区
黄柏河
大溪水库
白洪溪水库
清江
N
S
W
E
0 2.5 5 10
km
图例
区县界
乡镇界
村界
河流湖库
主要水系
氨氮环境容量/（t/a）
0.01 ~ 3.00
3.01 ~ 8.50
8.51 ~ 15.72
15.73 ~ 23.49
23.50 ~ 31.68
生态环境部环境规划院 制 图
宜昌市环境保护研究所 2019.04

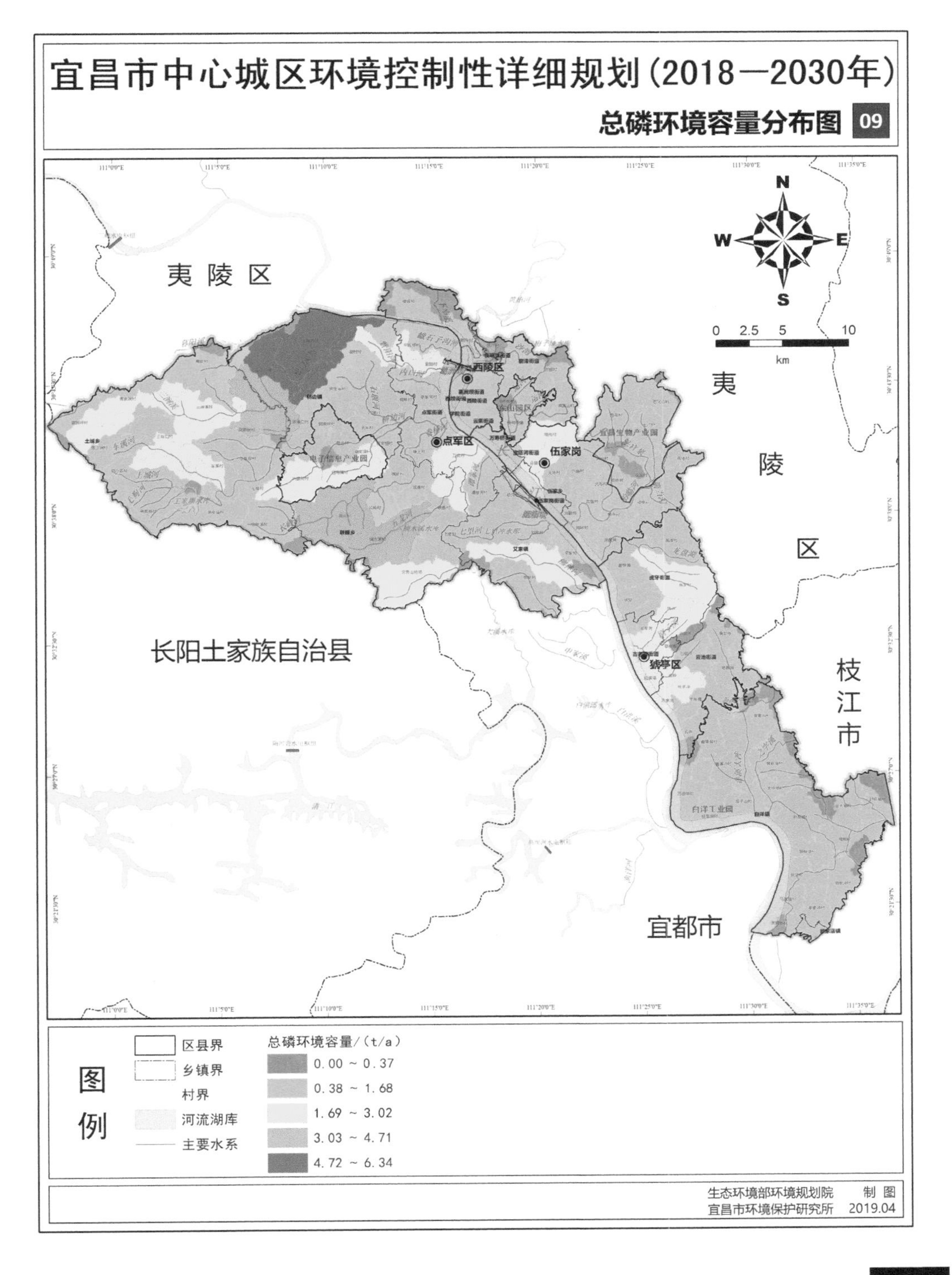
宜昌市中心城区环境控制性详细规划（2018—2030年）
总磷环境容量分布图 09
N
W
E
S
0 2.5 5 10
km
夷陵区
西陵区
点军区
伍家岗
猇亭区
夷陵区
枝江市
长阳土家族自治县
宜都市
图例
区县界
乡镇界
村界
河流湖库
主要水系
总磷环境容量/（t/a）
0.00 ~ 0.37
0.38 ~ 1.68
1.69 ~ 3.02
3.03 ~ 4.71
4.72 ~ 6.34
生态环境部环境规划院 制图
宜昌市环境保护研究所 2019.04

宜昌市中心城区环境控制性详细规划(2018—2030年)
化学需氧量环境容量分布图 10
夷陵区
夷陵区
长阳土家族自治县
枝江市
宜都市
西陵区
点军区
伍家岗
猇亭区
N
S
W
E
0 2.5 5 10
km
图例
区县界
乡镇界
村界
河流湖库
主要水系
化学需氧量环境容量/（t/a）
0.25 ~ 66.90
66.91 ~ 174.12
174.13 ~ 308.42
308.43 ~ 424.78
424.79 ~ 635.33
生态环境部环境规划院 制 图
宜昌市环境保护研究所 2019.04

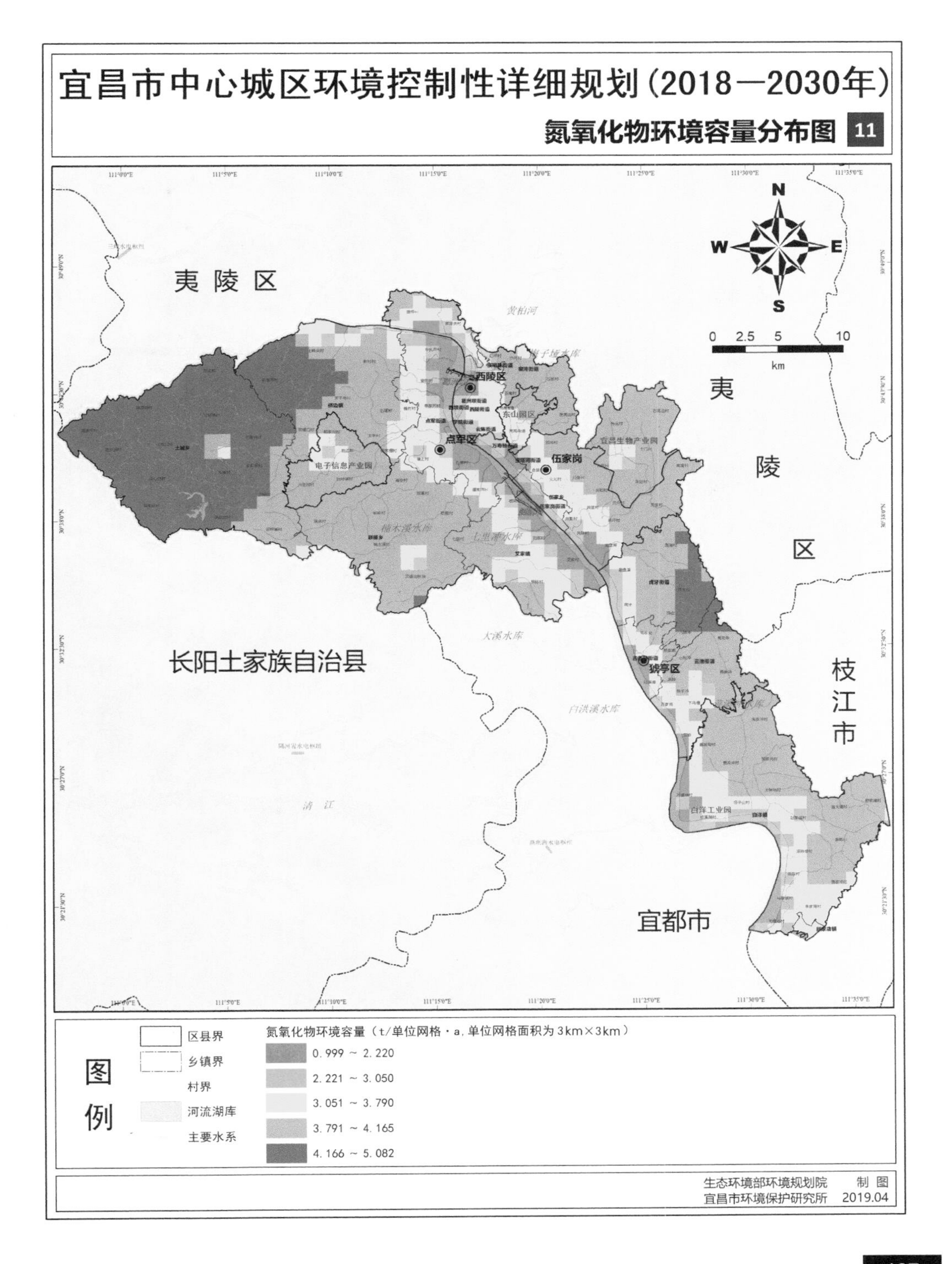
宜昌市中心城区环境控制性详细规划（2018—2030年）
氮氧化物环境容量分布图 11
夷陵区
夷陵区
长阳土家族自治县
枝江市
宜都市
西陵区
东山园区
点军区
伍家岗
猇亭区
电子信息产业园
宜昌生物产业园
白洋工业园
N
W
E
S
0 2.5 5 10
km
图例
区县界
乡镇界
村界
河流湖库
主要水系
氮氧化物环境容量（t/单位网格·a，单位网格面积为3km×3km）
0.999 ~ 2.220
2.221 ~ 3.050
3.051 ~ 3.790
3.791 ~ 4.165
4.166 ~ 5.082
生态环境部环境规划院 制图
宜昌市环境保护研究所 2019.04

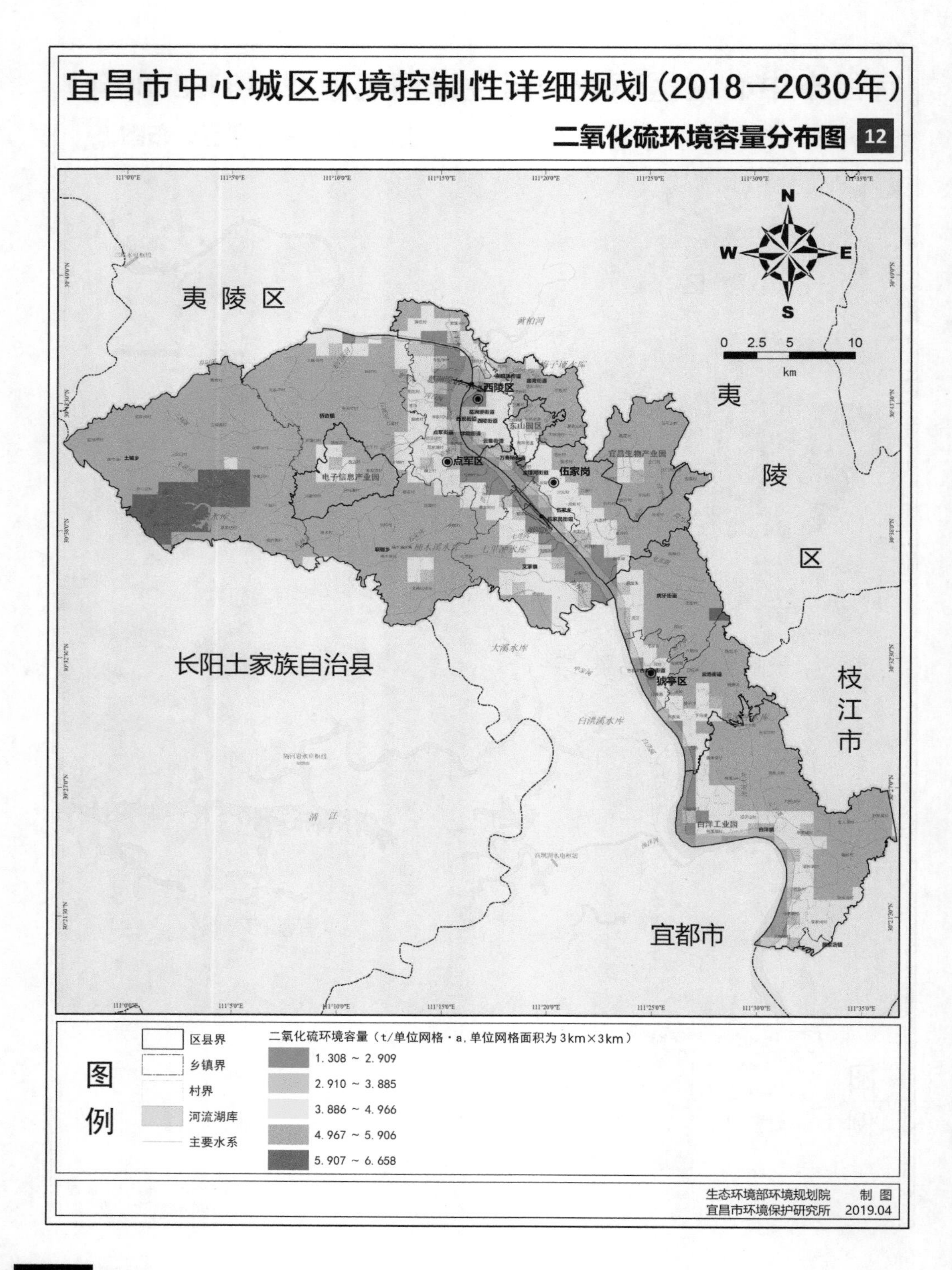

宜昌市中心城区环境控制性详细规划（2018—2030年）
二氧化硫环境容量分布图 12
N
W
E
S
0 2.5 5 10
km
夷陵区
夷陵区
长阳土家族自治县
枝江市
宜都市
西陵区
点军区
伍家岗
东山园区
猇亭区
电子信息产业园
宜昌生物产业园
白洋工业园
图例
区县界
乡镇界
村界
河流湖库
主要水系
二氧化硫环境容量（t/单位网格·a，单位网格面积为 3km×3km）
1.308 ~ 2.909
2.910 ~ 3.885
3.886 ~ 4.966
4.967 ~ 5.906
5.907 ~ 6.658
生态环境部环境规划院 制图
宜昌市环境保护研究所 2019.04

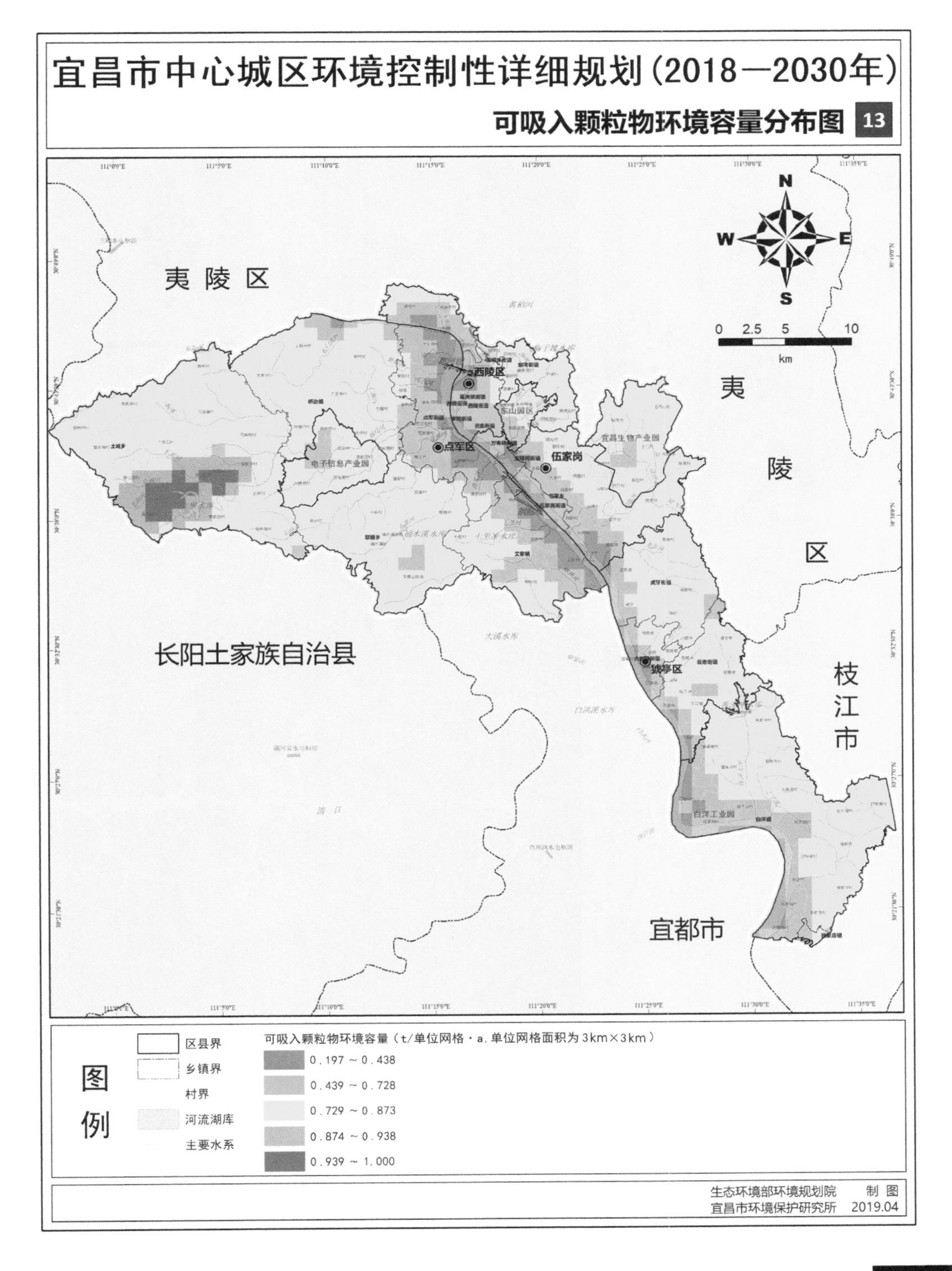
宜昌市中心城区环境控制性详细规划（2018—2030年）
可吸入颗粒物环境容量分布图 13
N
W
E
S
0 2.5 5 10
km
夷陵区
西陵区
东山园区
点军区
伍家岗
宜昌生物产业园
电子信息产业园
猇亭区
白洋工业园
长阳土家族自治县
夷陵区
枝江市
宜都市
图例
区县界
乡镇界
村界
河流湖库
主要水系
可吸入颗粒物环境容量（t/单位网格·a，单位网格面积为 3km×3km）
0.197 ~ 0.438
0.439 ~ 0.728
0.729 ~ 0.873
0.874 ~ 0.938
0.939 ~ 1.000
生态环境部环境规划院 制图
宜昌市环境保护研究所 2019.04

宜昌市中心城区环境控制性详细规划(2018—2030年)
水源涵养重要性评价图 14
N
W
E
S
0 2.5 5 10
km
夷陵区
夷
陵
区
西陵区
点军区
伍家岗
东山园区
电子信息产业园
宜昌生物产业园
长阳土家族自治县
枝
江
市
宜都市
白洋工业园
图例
区县界
乡镇界
村界
河流湖库
主要水系
水源涵养重要性评价
一般
较重要
重要
极重要
生态环境部环境规划院 制图
宜昌市环境保护研究所 2019.04

宜昌市中心城区环境控制性详细规划（2018—2030年）
土壤侵蚀敏感性评价图 15
N
W
E
S
0 2.5 5 10
km
夷陵区
夷陵区
西陵区
点军区
伍家岗
猇亭区
长阳土家族自治县
枝江市
宜都市
图例
区县界
乡镇界
村界
河流湖库
主要水系
土壤侵蚀敏感性评价
不敏感
较敏感
敏感
极敏感
生态环境部环境规划院 制图
宜昌市环境保护研究所 2019.04

宜昌市中心城区环境控制性详细规划(2018—2030年)
土地建设适宜性评价图 16
N
W
E
S
0 2.5 5 10
km
夷陵区
夷陵区
长阳土家族自治县
枝江市
宜都市
西陵区
点军区
伍家岗
猇亭区
桥边镇
土城乡
联棚乡
艾家镇
虎牙街道
云池街道
白洋镇
白洋工业园
宜昌生物产业园
电子信息产业园
图例
区县界
乡镇界
村界
河流湖库
主要水系
土地建设适宜性评价
适宜
不适宜
生态环境部环境规划院 制 图
宜昌市环境保护研究所 2019.04

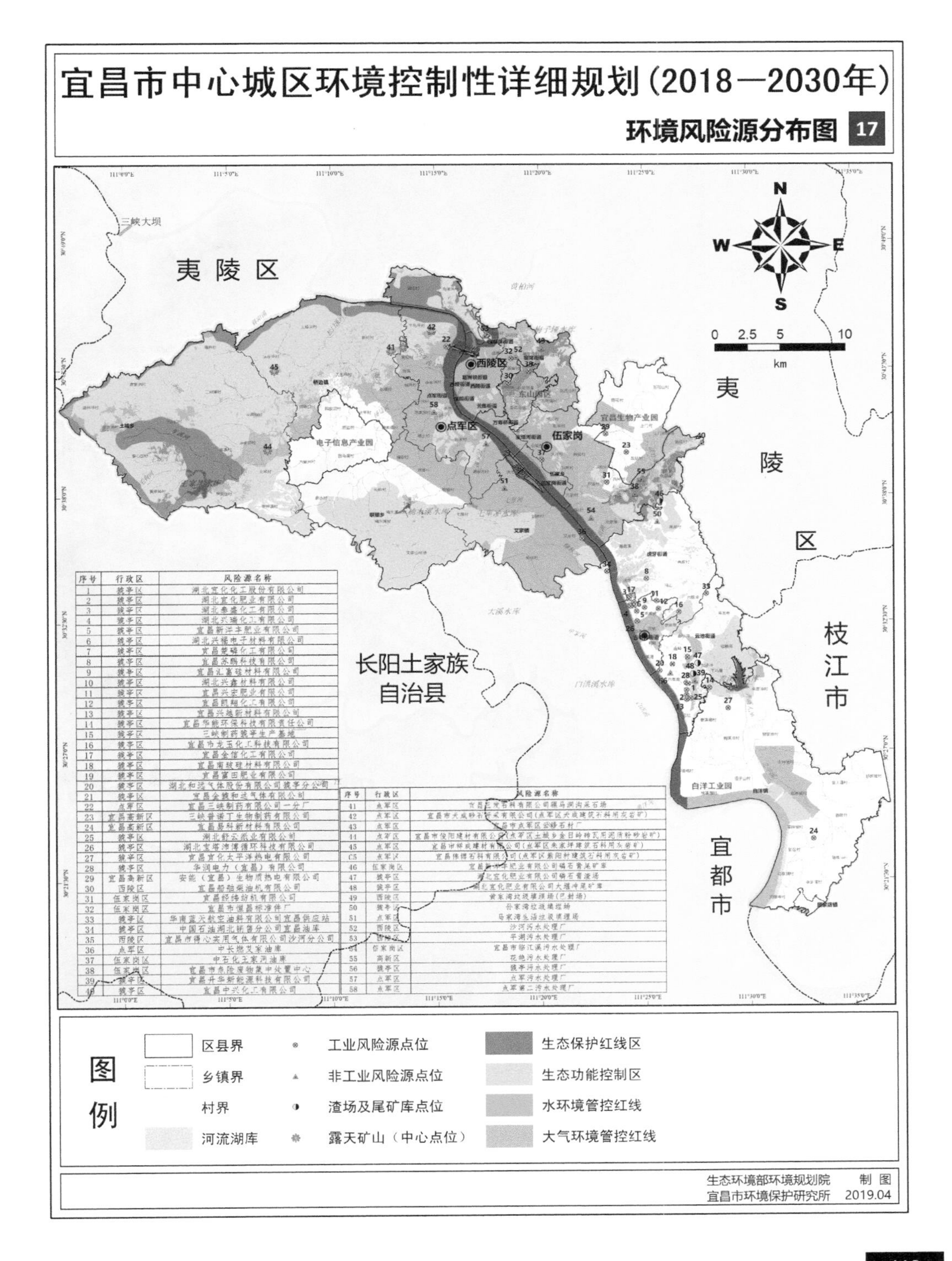

序号	行政区	风险源名称
1	猇亭区	湖北宜化化工股份有限公司
2	猇亭区	湖北宜化肥业有限公司
3	猇亭区	湖北泰盛化工有限公司
4	猇亭区	湖北兴瑞化工有限公司
5	猇亭区	宜昌新洋丰肥业有限公司
6	猇亭区	湖北兴福电子材料有限公司
7	猇亭区	宜昌楚磷化工有限公司
8	猇亭区	宜昌苏鹏科技有限公司
9	猇亭区	宜昌汇富硅材料有限公司
10	猇亭区	湖北兴鑫材料有限公司
11	猇亭区	宜昌兴宏肥业有限公司
12	猇亭区	宜昌凯翔化工有限公司
13	猇亭区	宜昌兴越新材料有限公司
14	猇亭区	宜昌华能环保科技有限责任公司
15	猇亭区	三峡制药猇亭生产基地
16	猇亭区	宜昌市龙玉化工科技有限公司
17	猇亭区	宜昌金信化工有限公司
18	猇亭区	宜昌南玻硅材料有限公司
19	猇亭区	宜昌富田肥业有限公司
20	猇亭区	湖北和远气体股份有限公司猇亭分公司
21	猇亭区	宜昌金猇和远气体有限公司
22	点军区	宜昌三峡制药有限公司一分厂
23	宜昌高新区	三峡普诺丁生物制药有限公司
24	宜昌高新区	宜昌易科新材料有限公司
25	猇亭区	湖北舒云纸业有限公司
26	猇亭区	湖北宝塔沛博循环科技有限公司
27	猇亭区	宜昌宜化太平洋热电有限公司
28	猇亭区	华润电力（宜昌）有限公司
29	宜昌高新区	安能（宜昌）生物质热电有限公司
30	西陵区	宜昌船舶柴油机有限公司
31	伍家岗区	宜昌经纬纺机有限公司
32	伍家岗区	宜昌市恒昌标准件厂
33	猇亭区	华南蓝天航空油料有限公司宜昌供应站
34	猇亭区	中国石油湖北销售分公司宜昌油库
35	西陵区	宜昌市得心实用气体有限公司沙河分公司
36	点军区	中长燃艾家油库
37	伍家岗区	中石化王家河油库
38	伍家岗区	宜昌市危险废物集中处置中心
39	猇亭区	宜昌升华新能源科技有限公司
40	猇亭区	宜昌中兴化工有限公司

序号	行政区	风险源名称
41	点军区	宜昌三茂石料有限公司骡马洞沟采石场
42	点军区	宜昌市天成砂石开采有限公司(点军区天成建筑石料用灰岩矿)
43	点军区	宜昌市点军区云峰石材厂
44	点军区	宜昌市俊阳建材有限公司(点军区土城乡金日岭砖瓦用泥质粉砂岩矿)
45	点军区	宜昌市祥成建材有限公司(点军区朱家坪建筑石料用灰岩矿)
C5	点军区	宜昌伟博石料有限公司(点军区紫阳村建筑石料用灰岩矿)
46	伍家岗区	宜昌新洋丰肥业有限公司磷石膏尾矿库
47	猇亭区	湖北宜化肥业有限公司磷石膏渣场
48	猇亭区	湖北宜化肥业有限公司大堰冲尾矿库
49	西陵区	黄家湾垃圾填埋场(已封场)
50	猇亭区	孙家湾垃圾填埋场
51	点军区	马家湾生活垃圾填埋场
52	西陵区	沙河污水处理厂
53	西陵区	平湖污水处理厂
54	伍家岗区	宜昌市临江溪污水处理厂
55	高新区	花艳污水处理厂
56	猇亭区	猇亭污水处理厂
57	点军区	点军污水处理厂
58	点军区	点军第二污水处理厂

宜昌市中心城区环境控制性详细规划(2018—2030年)
子流域划分图 18
夷陵区
夷陵区
长阳土家族自治县
枝江市
宜都市
西陵区
点军区
伍家岗
猇亭区
电子信息产业园
宜昌生物产业园
白洋工业园
N
S
W
E
0 2.5 5 10
km
图例
区县界
乡镇界
村界
河流湖库
主要水系
流域
长江
桥边河
玛瑙河
柏临河
丹水
黄柏河
清江
生态环境部环境规划院 制图
宜昌市环境保护研究所 2019.04

宜昌市中心城区环境控制性详细规划(2018—2030年)
水环境控制单元划分图 19
夷陵区
夷陵区
长阳土家族自治县
枝江市
宜都市
西陵区
点军区
伍家岗
猇亭区
电子信息产业园
宜昌生物产业园
白洋工业园
0 2.5 5 10
km
N
S
W
E
图例
区县界
乡镇界
村界
河流湖库
主要水系
水环境控制单元(163个)
yz0001
yz0002
yz0003
yz0004
yz0160
yz0161
yz0162
yz0163
生态环境部环境规划院 制图
宜昌市环境保护研究所 2019.04

宜昌市中心城区饮用水水源地清单（村级）

序号	饮用水水源地	所在地	村级供水工程
1	山溪水	穿心店村	穿心店村谭家岭水厂
2	天堰山泉水	黄家岭村	黄家岭村堤天堰供水工程
3	狮子山山泉水	穿心店村	穿心店村大石门水厂
4	车溪河	三岔口村	三岔口村车溪提水工程
5	纸厂湾山泉水	车溪村	车溪村鹰子岩供水工程
		车溪村	车溪村艾家坡供水工程
		车溪村	车溪村张家包供水工程
		车溪村	车溪村大松林供水工程
6	干沟山泉水	黄家岭村	黄家岭村干沟供水工程
7	席家淌村山泉水	席家淌村	席家淌村席家淌供水工程
8	大山坡山泉水	茅家岭村	茅家店村陈家老屋供水工程
		茅家岭村	茅家店村罗家包供水工程
9	五爪洞山泉水	三涧溪村	三涧溪村岔河滩供水工程
10	三涧溪	花果树村	花果树村三涧溪提水工程
11	童家河	李家坝村	李家坝村高家岭水厂
12	狮子口山泉水	三涧溪村	三涧溪村陈家沟供水工程
13	潮音洞山泉水	高岩村	高岩村潮水洞供水工程
14	土城乡高岩村塘堰1	双堰口村	油场坡供水工程
		双堰口村	朱家坪八斗方片区供水工程
		天王寺村	朱家坪天王寺片区供水工程
		朱家坪村	袁家坳供水工程
15	车盘水库	李家坝村	李家坝村白日坡水厂
16	梓相坪水库	安梓溪村	安梓溪村梓相坪水厂
17	簸箕湾山泉水	席家淌村	席家淌村凤凰岭供水工程
18	白云山山泉水	三岔口村	三岔口村凤凰岭供水工程
18		望洲坪村	望洲坪村凤凰岭供水工程
19	落步淌村山泉水	落步淌村	落步淌村横墩供水工程
20	打纸沟山溪水	花果树村	花果树村水井槽供水工程
21	朱家冲堰塘	望洲坪村	望洲坪村朱家冲供水工程
22	长岭河	泉水村	湾潭安全饮水集中供水工程
23	陈家湾山泉水	落步淌村	落步淌村水井槽供水工程
24	土城乡高岩村塘堰2	新村	王家坳供水工程
25	新村村流水沟	新村	新村村委会供水工程
26	倒河坝	石槽村	倒河坝供水工程
27	楠木溪水库	楠木溪村	水库管理站集中供水工程
		桥河村	引楠入桥工程
28	七里冲水库	大栗树社区	艾家水厂
		艾家村	艾家村饮水安全工程
		七里村	七里村5组、2组集中供水工程
		七里村	七里村1组桃家坳集中供水工程
29	柳林村[illegible]三块石	柳林村	柳林村1-4组集中供水工程

宜昌市中心城区饮用水水源地清单

序号	饮用水水源地	所在地	类型
1	官湾水厂水源地（备用）	东山园区	县级以上集中式饮用水水源地
2	点军区楠木溪水库	点军区	
3	葛洲坝西公司供水公司西坝水厂水源地	西陵区/葛洲坝	
4	猇亭区善溪冲水库	猇亭区	
5	土城乡王家坝水库水源地	土城乡	乡镇级集中式饮用水水源地
6	艾家镇七里冲水库水源地	艾家镇	

宜昌市中心城区环境控制性详细规划(2018—2030年)
环境战略分区图
21
N
W
E
S
0
2.5
5
10
km
夷陵区
夷陵区
西陵区
东山园区
点军区
伍家岗
宜昌生物产业园
电子信息产业园
猇亭区
白洋工业园
长阳土家族自治县
枝江市
宜都市
图例
区县界
乡镇界
村界
河流湖库
主要水系
西部及南部自然生态功能保育区
东部工业产业聚集区
中部人居生活环境维护区
生态环境部环境规划院
宜昌市环境保护研究所
制 图
2019.04

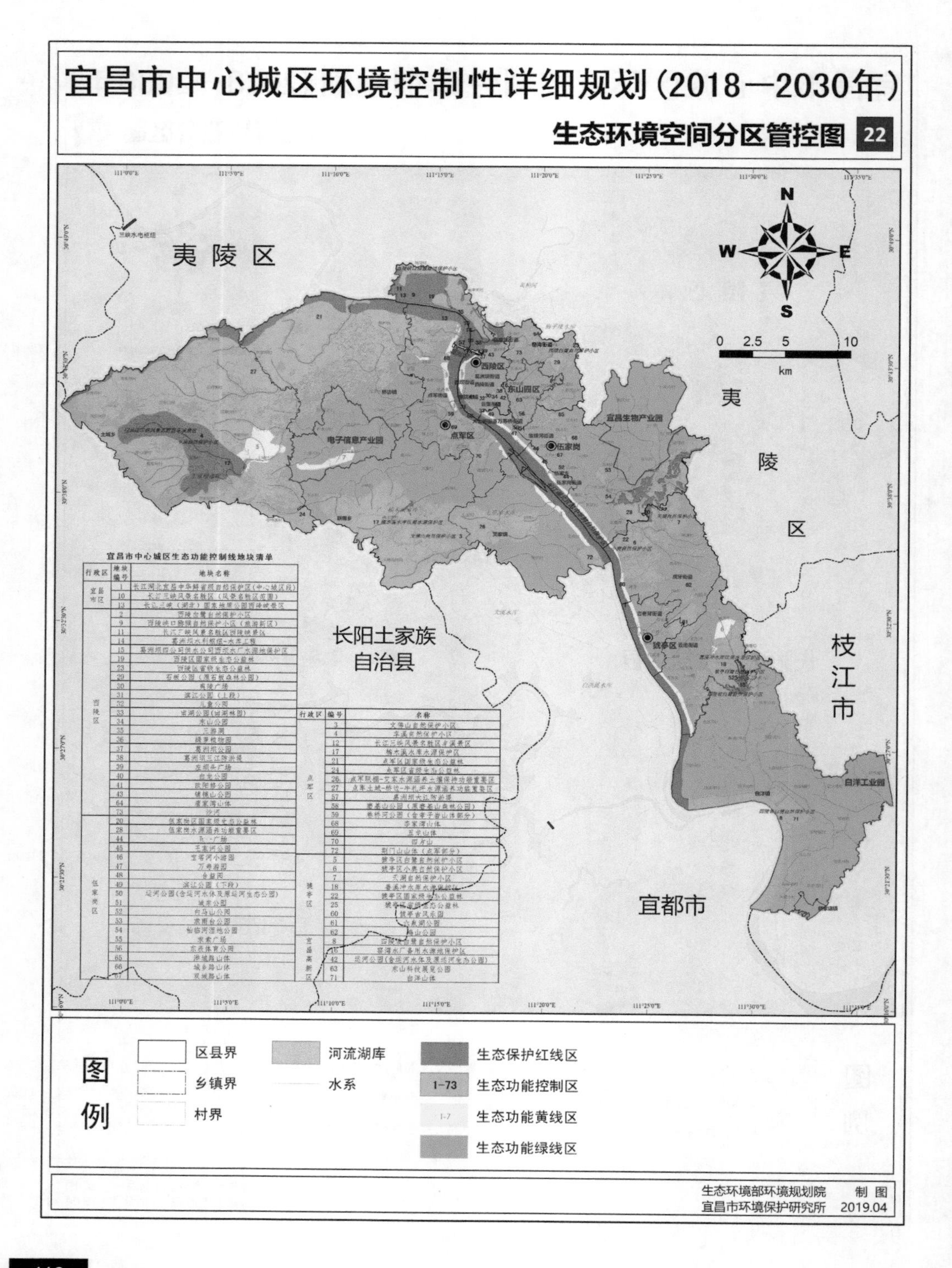

宜昌市中心城区环境控制性详细规划(2018—2030年)
生态环境空间分区管控图 22
N
W
E
S
0 2.5 5 10
km
夷陵区
夷陵区
长阳土家族自治县
枝江市
宜都市
西陵区
东山园区
伍家岗
点军区
猇亭区
电子信息产业园
宜昌生物产业园
白洋工业园
宜昌市中心城区生态功能控制线地块清单
图例
区县界
乡镇界
村界
河流湖库
水系
生态保护红线区
1-73
生态功能控制区
1-7
生态功能黄线区
生态功能绿线区
生态环境部环境规划院 制图
宜昌市环境保护研究所 2019.04

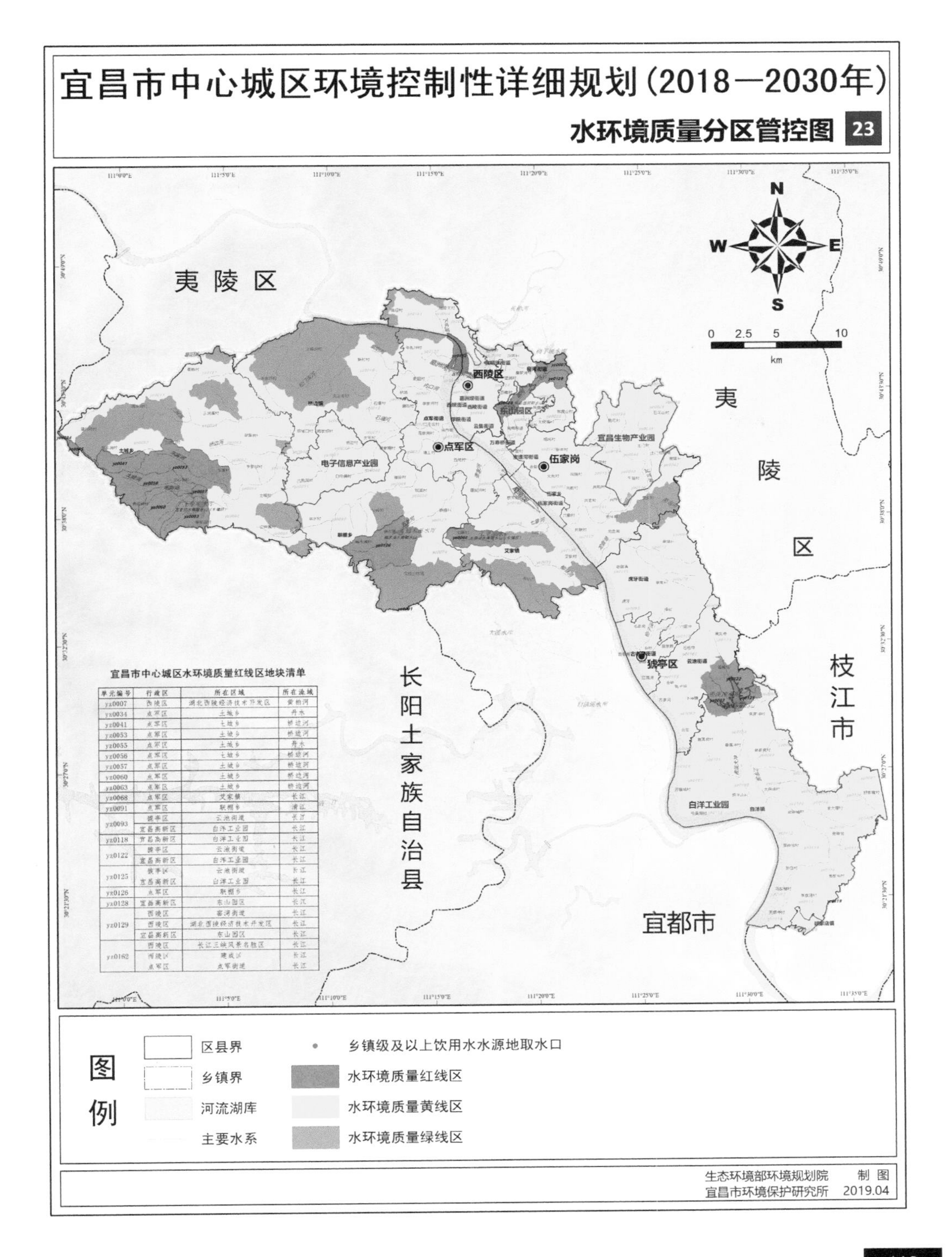

宜昌市中心城区水环境质量红线区地块清单

单元编号	行政区	所在区域	所在流域
yz0007	西陵区	湖北西陵经济技术开发区	黄柏河
yz0034	点军区	土城乡	丹水
yz0041	点军区	土城乡	桥边河
yz0053	点军区	土城乡	桥边河
yz0055	点军区	土城乡	丹水
yz0056	点军区	土城乡	桥边河
yz0057	点军区	土城乡	桥边河
yz0060	点军区	土城乡	桥边河
yz0063	点军区	土城乡	桥边河
yz0068	点军区	艾家镇	长江
yz0091	点军区	联棚乡	清江
yz0093	猇亭区	云池街道	长江
	宜昌高新区	白洋工业园	长江
yz0118	宜昌高新区	白洋工业园	长江
yz0122	猇亭区	云池街道	长江
	宜昌高新区	白洋工业园	长江
yz0125	猇亭区	云池街道	长江
	宜昌高新区	白洋工业园	长江
yz0126	点军区	联棚乡	长江
yz0128	宜昌高新区	东山园区	长江
yz0129	西陵区	窑湾街道	长江
	西陵区	湖北西陵经济技术开发区	长江
	宜昌高新区	东山园区	长江
yz0162	西陵区	长江三峡风景名胜区	长江
	西陵区	建政区	长江
	点军区	点军街道	长江

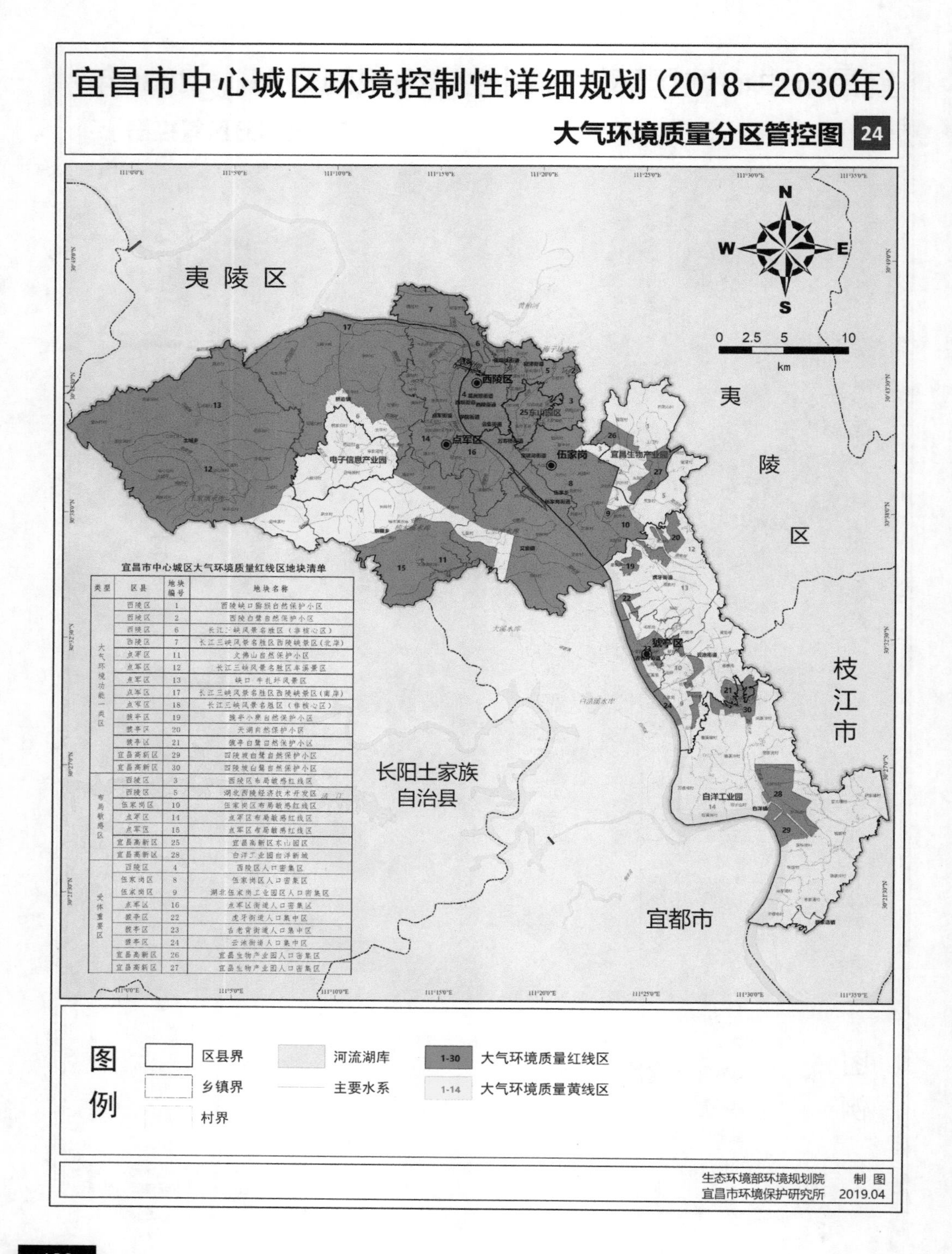

宜昌市中心城区大气环境质量红线区地块清单

类型	区县	地块编号	地块名称
大气环境功能一类区	西陵区	1	西陵峡口猕猴自然保护小区
	西陵区	2	西陵白鹭自然保护小区
	西陵区	6	长江三峡风景名胜区（非核心区）
	西陵区	7	长江三峡风景名胜区西陵峡景区(北岸)
	点军区	11	文佛山自然保护小区
	点军区	12	长江三峡风景名胜区车溪景区
	点军区	13	峡口 牛扎坪风景区
	点军区	17	长江三峡风景名胜区西陵峡景区(南岸)
	点军区	18	长江三峡风景名胜区（非核心区）
	猇亭区	19	猇亭小康自然保护小区
	猇亭区	20	天湖自然保护小区
	猇亭区	21	猇亭白鹭自然保护小区
	宜昌高新区	29	四陵坡白鹭自然保护小区
	宜昌高新区	30	四陵坡白鹭自然保护小区
布局敏感区	西陵区	3	西陵区布局敏感红线区
	西陵区	5	湖北西陵经济技术开发区
	伍家岗区	10	伍家岗区布局敏感红线区
	点军区	14	点军区布局敏感红线区
	点军区	15	点军区布局敏感红线区
	宜昌高新区	25	宜昌高新区东山园区
	宜昌高新区	28	白洋工业园白洋新城
受体重要区	西陵区	4	西陵区人口密集区
	伍家岗区	8	伍家岗区人口密集区
	伍家岗区	9	湖北伍家岗工业园区人口密集区
	点军区	16	点军区街道人口密集区
	猇亭区	22	虎牙街道人口集中区
	猇亭区	23	古老背街道人口集中区
	猇亭区	24	云池街道人口集中区
	宜昌高新区	26	宜昌生物产业园人口密集区
	宜昌高新区	27	宜昌生物产业园人口密集区

宜昌市中心城区环境规划指引重点区域

	重点区域	范围
1	生态安全屏障区	西部生态安全屏障区、长江干流（中华鲟自然保护区及葛洲坝库区）、生态保护红线
2	人居环境重点维护区	西陵区、伍家岗区建成区、点军区点军街道、猇亭区古老背街道人口集中区、生物产业园及白洋工业园（白洋新城）人口集中区
3	工业污染重点防控区	白洋工业园、电子信息工业园、宜昌生物产业园及伍家岗工业园、猇亭工业园区、三峡临空经济区（猇亭部分）等产业集聚区
4	生态环境重点治理区	黑臭水体分布的区域（运河、沙河、臁坊河、柏临河、黄柏河、紫阳河、卷桥河、联棚河等）、农业生产区